数字化服装设计与应用实践

虞韵涵◎著

中国原子能出版社

图书在版编目（CIP）数据

数字化服装设计与应用实践 / 虞韵涵著. --北京：
中国原子能出版社，2023.12
 ISBN 978-7-5221-3201-3

Ⅰ．①数… Ⅱ．①虞… Ⅲ．①数字技术–应用–服装
设计 Ⅳ．①TS941.26

中国国家版本馆 CIP 数据核字（2023）第 256170 号

数字化服装设计与应用实践

出版发行	中国原子能出版社（北京市海淀区阜成路 43 号　100048）	
责任编辑	杨　青	
责任印制	赵　明	
印　　刷	北京天恒嘉业印刷有限公司	
经　　销	全国新华书店	
开　　本	787 mm×1092 mm　1/16	
印　　张	12.25	
字　　数	200 千字	
版　　次	2023 年 12 月第 1 版　2023 年 12 月第 1 次印刷	
书　　号	ISBN 978-7-5221-3201-3　　定　价　76.00 元	

前　　言

　　数字化技术，是指利用计算机语言对信息进行加工和存储，信息包括文字、图形、色彩、关系等，将数字化的信息进行储存和运算，并以不同形式再次显示出来。不仅保证了信息的准确度，更提高了信息的传递效率。

　　服装设计是一种艺术形式，不仅体现在服装设计的色彩及材料层面上，还体现在个体对服装的穿着形态层面上。互联网时代加快了服装设计与管理工作向信息化、数字化方向发展的步伐，为促进服装设计与管理工作的创新提供了保障。目前服装领域的数字化已经参与了服装工业生产的整个过程，包括人体测量、服装流行趋势预测、款式设计、样板设计、推版、放码、成衣制作、生产管理、流程管理、电子商务、服装营销、客户信息管理等方面。

　　本书从服装设计程序入手，详细地介绍了数字化与数字化服装技术，重点分析了服装 2D 裁片虚拟模拟技术、数字化服装与三维设计，并着重对服装数字化模板工艺及 AIGC 技术与数字化服装设计等进行探讨，最后对中国数字化服装知识产权保护方面进行了研究。

　　另外，本书在写作的过程中参阅了相关的著作，引用了许多专家及学者的研究成果，在此表示最诚挚的谢意。由于时间仓促，作者水平有限，书中难免存在不当之处，恳请广大读者多提宝贵意见，便于本书以后修改与完善。

目　　录

第一章　服装设计程序

　　服装设计程序，是指服装设计的组织款式者、实施者，借助物质材料来实现服装创作意图的整个过程。

　　虽然，从表面来看，这个过程仅反映了服装设计的具体创作步骤，但实质上它所涉及的内容，却并不像它的表面那样单纯、简单。我们除了要对服装造型本身的构成因素、形式美原理等方面做细致的构思和谋划之外，还要对其他的相关因素，进行广泛而深入的研究。如怎样进行产品的设计定位；集团性设计的意义、程序；个人在设计创意时应思考的问题；能激发创作灵感的取材来源和预测服装流行趋势的情报资料等。能否正确地理解，科学地认识和熟练地运用这些知识内容，对于初学者来讲，是至关重要的，同时也是开始进行服装设计的第一步。

第一节　服装设计的方法和规律

　　服装设计与其他造型艺术一样，受到社会经济、文化艺术和科学技术的制约和影响，在不同的历史时期内有着不同的精神风貌、客观的审美标准，以及鲜明的时代特色。就服装设计的本质而言，它是选用一定的材料，依照预想的造型结构，通过特定的工艺制作手段来完成的艺术与技术相结合的创造性活动。由于服装的造型风格、造型结构及造型素材的差异，服装又可分为适合不同消费群体或个人的若干种类。随着人们的社会分工、审美需求的不断深化，服装的功能越来越规范化和科学化，因此，掌握服装的设计方法和规律也就越来越必要。本节所论述的内容正是围绕着这些相关问题而展开的。

服装设计是一门综合性、多元化的应用性学科，也是文化艺术与科学技术的统一体。因此，设计师不但要具备良好的艺术修养和活跃的设计思维，还需要掌握严谨的运作方法。服装业是一个充满矛盾的行业，创新与传统、束缚与机遇并肩共存。探究服装在人类历史中的各种表现，追寻现代服装业发展的轨迹，或者了解欧洲人如何做设计、美国人如何做市场，以及日本人如何在对外学习中传承本民族文化，最重要的目的无非是启发创新意识，正所谓：学而不思则罔，思而不学则殆。汲取的经验和理论只有通过创造式的发挥，才能为我们的设计开辟新局面、铸就新优势。

奥斯卡·威尔德曾经说过："时装如此丑陋不堪，我们不得不每六个月就更换。"但是正是这种不断演化，对旧潮流的不断改造和创新，才使得服装业如此令人激动和富有魅力。现在，由于生活水平的提高和生活节奏的加快，服装的流行周期越来越短，服装变换越来越快，这就要求设计师们不断地要涌现出新的设计灵感，变化出不同的设计主题，才能设计出更新颖的服装来适应社会的需求。那么寻找设计灵感，挖掘新的设计主题就是服装设计的首要任务。人们总是惊讶于时装设计师是如何想出这么多美妙的新想法。事实是这些想法几乎没有全新的，而是设计师通过重新观察周围的世界进行创作的。

设计师要始终把握时代的脉搏，如音乐潮流、街头文化、影视及艺术动态。每个时装季节都有一个清晰的样式，这绝不是偶然的；不同的设计师常常设计出相似的色彩系列和廓形，因为他们都意识到了总的流行趋势。然而，从一种异于常人的角度进行设计，也能产生激动人心的时装。虽然时装是最容易过时的，但回顾过去寻找灵感常常会有意想不到的收获。不同时代的流行风格是循环往复的，20世纪60年代某年的风格可能在现在是一种时尚，下一次有可能流行20世纪70年代的样式。以原始种族理念为基础的图案和风格被设计师们一遍遍地重复着。这个季节，他们可能想到拉丁美洲印第安人的编织，下一年，他们又以非洲某个部落的图案为特色。

服装经常依赖其他的艺术形式来寻找设计主题，装饰性艺术的豪华富丽、闪闪发光的印象和神秘宗教艺术都是艺术精品，都可以用来启发服装设计。不管是探索艺术世界、欣赏家乡的建筑和研究印度的文化，还是观察家里和花园熟悉的物品，这些都会成为新的灵感来源，探求服装设计主题的机会是无限的。

一、设计理念与相关主题信息资源的收集与整理

服装的有关资料和最新信息是设计师需要研究和掌握的，资料和信息是服装设计的背景素材，同时也是为服装设计提供了理论依据。

可以参观博物馆或者流连于他人的绘画、雕塑、电影、摄影和书中。因特网的应用使得在家中或学校里就能获得大量的信息。服装的资料有两种形式，一种是文字资料，其中包括美学、哲学、艺术理论、中外服装史、有关刊物中的相关文章及有关影视服装资料等。如旗袍的设计，在查阅和搜集资料时，其古今中外的有关旗袍的文字资料和形象资料都要仔细地去研究。在一些设计比赛中经常有这样的情况：某些设计师的设计作品往往有"似曾相识"的感觉，或有抄袭之嫌，究其原因就是资料研究不充分，类似的服装造型在某个时期早已有过。因此，为避免这种现象，设计之前对资料的查阅、搜集和研究力求做到系统、全面。

另一种是直观形象资料，其中包括各种专业杂志、画报、录像、幻灯及照片等。好莱坞电影也常常引发时尚潮流，如影星奥黛丽·赫本，从1953年的《罗马假日》起，几乎每演一部电影，都会带起一股新的流行浪潮。赫本走红的年代，正是金发美女盛行的年代，那时候的女性喜欢把闪亮的金发烫得整整齐齐。在《罗马假日》里赫本开始是一头长发，剪去长发时候，忍不住叹息，但是当镜头一换，一个更加俏丽的短发美人出现在观众眼前。她的黑色短发打破了当时的流行，"赫本头"至今流行。

提起"赫本"这个名字，叫人联想到的是纪梵希等一系列设计大师的名

3

字。像是从天而降的缪斯女神，赫本为品牌注入了不朽的灵魂，令天下所有的女子为之心醉神迷。许多年之后，奥黛丽·赫本依旧影响着时尚界的潮流变迁。在拍摄影片《龙凤配》时，赫本与法国女装设计师纪梵希相遇了，纪梵希与赫本共同创造出了一个时尚神话——"奥黛丽·赫本风格"。

1953 年，奥黛丽·赫本主演《龙凤配》，饰演一位时髦管家的女儿，导演让赫本去巴黎采购戏装。24 岁的赫本跑去拜访时装设计领域 26 岁的王子赫伯特·德·纪梵希，而这时，Givenchy（纪梵希）品牌才刚刚成立一年的时间。

在寻找灵感时，要避免囫囵吞枣。研究时要有选择，拓展选题时要有节制，这有助你设计主题更加突出既接受选题里的观念、知识和理论，同时又可以用自我的方式，重新审核后确认是非。所有的设计，几乎都是在原有作品的基础上，加入创作者新观念的成分后而成就的新作。即打散重构已有的服装元素，运用新的构成形式出现，带来新的视觉冲击力。

在现代服装设计中，不论是发型还是服装款式仍能看到赫本时代的经典的影子，这是设计大师加里基亚诺的作品，以新的造型形式引领着时尚。所以掌握服装的有关资料和最新信息是必不可少的，能够为服装设计提供强有力的理论依据。

二、掌握信息

服装的信息主要是指国际和国内最新的流行导向与趋势。信息分为文字信息和形象信息两种形式。资料与信息的区别在于前者侧重于已经过去了的、历史性的资料；而后者侧重于最新的、超前性的信息。对于信息的掌握不仅限于专业的和单方面的；而是多角度、多方位的，与服装有关的信息都应有所涉及，如最新科技成果、最新纺织材料、最新文化动态、新的艺术思潮最新流行色彩等。

此外，对于服装资料和信息的储存与整理要有一定的科学方法，如果杂乱无章的随意堆砌的话，其结果就会像一团乱麻而没有头绪，那么，再多的资料和信息也是没有价值的。应善于分门别类，有条理、有规律地存放，运用起来才会方便而有效。

设计主题的灵感无处不在，不管是海滩上的贝壳还是壮观的摩天大楼，不管是在展览会上还是在里约热内卢的狂欢节上。只要你深入研究，这些都会不知不觉地影响你的服装理念。伊夫•圣•罗朗设计的裙子就是受到蒙德里安的作品的启发，这是设计师从艺术世界中得到主题的一个很好的例子。画家蒙德里安作品中，其震撼人心的造型和鲜明的色彩就可现成的借用在印花设计中，此外，原画中的精华部分被注入设计中，从中可以看出它的来源，同时它又是一件独特、漂亮的艺术品。

三、确定主题

作为一个设计师，应当学习以新的眼光看周围熟悉的事物，从中寻找灵感和创作的素材。一旦领悟，设计就不再神秘，会发现周围的世界提供了无穷无尽的素材。选择的空间过于巨大，在开始时可能会感到灰心丧气，但不久就会学会如何在可能成为灵感素材中去选择设计起点。只要是自己感兴趣的事物就一定能够启发设计主题，个人对理念的理解往往会给设计增添激动人心的独特风格。除了自己感兴趣的素材外，色彩搭配、面料质地、比例、形状、体积、细节和装饰也要考虑进去。这些元素将对选好的素材进行进一步的研究提供重点研究对象，并且可以有目的地对目标主题进行精心设计。

在这个品牌全球化的时代，转向在非西方文化中寻找灵感有时会令人耳目一新。以埃及为例，在现代社会中埃及是一个还保留有鲜明特征的文化典范，因为它至今仍同它的文化根源保有密切联系。埃及文化中鲜明的色彩和精致的造型都是极好的设计素材，不管是金字塔、印花织布还是华丽的金首饰，这些色彩和造型几个世纪以来都是埃及文化密不可分的一部分，而且还将继续被世界各地的埃及人保存下去。从各种渠道研究埃及文化，搜集埃及物品、织物布料、拍照和画草图。通过对埃及文化的研究，利用非西方文化的设计理念，探求可用在设计中的色彩和造型，使作品呈现一种有趣的多种文化融合的效果。埃及神秘的金字塔就是很好的创造素材，埃及法老的坟墓、埃及艳后的传说还有神奇的木乃伊，都会触动设计者敏感的神经而产生新的设计主题。就连设计大师加利亚诺在高级时装发布中也有以埃及文化为灵感的经典设计。从埃及木乃伊中寻找灵感，利用对面料进行缠裹的造型手法，结合礼服的结构特点，使作品具有独特的韵味，所以搜集研究素材并不困难。利用有强烈传统色彩的素材可以确保材料永不过时——因为它们永远不会被时尚潮流吞没。作为设计者，必须尽可能研究各种文化，从中发掘出设计的宝藏。

从新的角度看事物，一个简单的方法就是尝试不同的尺寸比例。一件常见物品的局部被放大后，可能就不再乏味和熟悉了，而会变得新颖，成为设计创作的灵感素材。正是这种对素材的深入了解，才使你的作品有着个人独特的风格。

仔细观察生活，最平常的东西都能激发灵感，科普书和杂志都是很好的理念源泉，细看放大的意象，颜色变形了，露出出人意料的细节，想象怎样把这梦幻般的色彩应用于设计中展示出意想不到的效果。所以我们应当学习以新的眼光看周围熟悉的事物，从中寻找灵感和创作的素材。

第二节　服装设计主题与造型表达

无论是从哪一种途径发现设计主题，最终能使得作品出台，才是真正体现创作者实力的时候。发现灵感找到主题是一件很兴奋的事，然而人处于兴奋状态时，往往因冲动而头脑相对混乱。当灵感到来时，应当把握兴奋的尺度，对灵感的内容进行一定的筛选后，再进入创作。

可以说，能对创作者产生刺激，被称为灵感的事物都不是单纯唯一的，小到一粒石，大到宇宙，每一件都包含了很多内容。以小石子为例，它的造型、色彩、纹样等表面的内容就不少，进而它也有拟人化的性格、品质等虚化的内容，这些在重创中不可能超过本体，也不需要去"复制"，是需要赋予它更新的东西。如果以石子为灵感去设计服装，大多利用它的色彩、纹样；

如还以它为灵感去创作时装画，又能利用它的造型、质量感和拟人化的刚毅精神。

凡此种种，都说明只有做到有计划地筛选，才能更好地表现灵感。一切作为灵感的东西，势必本身也存在着与重创物的天然的联系。抓准这种天然的联系，才是真正抓住和把握了灵感。

一、主题的利用

能够发现主题，也未必能利用好主题。尽管前面所述，有了一定的基础，就可以把握主题这一机遇。每一种创作都需要基础，而基础也存在着单一和广泛两种概念。服装设计是边缘学科，内涵极为丰富，不论是做设计师，还是做时装画家，只具备时装专业表面基础是远远不够的，关键要夯实外延的基础，才能利用这难得的主题并得到超水平发挥。

主题的来源方式虽然有直接与间接之分，可落实到时装设计中，总要换成本门类的艺术语言。其中就已注定要有一点或更多的联想手段才能完成，生搬硬套只会给人留下不伦不类的感觉。好的创作者既能接受任何观念、知识和理论，同时又可以用自我的方式，重新审核后确认是非。所有的设计，几乎都是在原有作品的基础上，加入创作这新观念的成分后而成就的新作。

所以，主题的利用可以说是对创作者生活阅历、素质、学识等诸多因素总体的检验。这也证明了，每一件可称为"艺术作品"的东西，在给接受者带来享受的同时，也是在对接受者倾诉创作者的内心独白。唯有两者之间产生了共鸣，作品才有价值，主题才能得以真正地利用和发扬光大。下面以藏族服饰特点为例，分析体验与发现主题辐射的信息源的重要性，从而感受主题，在密切接触中体会主题深层寓意，设计出具有民族服饰特点的作品。

藏族服装具有悠久的历史，肥腰、长袖和大襟是藏装的典型结构。牧区的皮袍、夹袍，官吏贵族的锦袍及僧侣在宗教节日活动中的服装都具有这种特点。拉萨、日喀则、山南等地区的"对通"（短衣）也有此特点，至于工布地区的"古秀"，其基本结构也是和肥腰、大襟的袍式服装相近的。只不过它的结构比袍类更简化了，这种服装不但省去了袖子，而且把衣襟和前身合并一起了。

藏族服装结构的基本特征，决定了它的一系列附加装束。对于穿直筒肥袍行走不方便的，腰带就成了必不可少的用品。腰带和靴子又是附着饰品的主要穿戴。各种样式的"乱松"（镶有珠宝的腰佩）系在腰带上垂在臀部，形成各种各样的尾饰。各种精美的类似匕首装饰也都系在腰带上。当地具有相当水平的毛织工艺品。各色毛织物的色泽也很鲜艳，它们大多是以红、绿、褐、黑等色彩组成的大小方格和彩条，非常美观大方。

设计师首先对其设计作品的历史背景、民族特点要有深刻的了解，从藏族众多的服饰形象资料中，抽选出典型的、具有时代特征元素而又符合审美的形象款式。在设计中要通过对服装的造型、色彩及装饰，显示出人物的历史印迹，民族的、地域的个性。应准确地把握和塑造人物的整体形象，着力刻画出人物的性格特征。所以能够发现主题，并且利用好主题，是对创作者生活阅历、素质、学识等诸多因素总体的检验。有了一定的素材基础，才可以把握主题这一机遇，创作出好的作品。

服装设计是一种创造性活动，应该符合美学的基本规律，这种创造其实是将客观已经存在的美的规律与现象更加强调出来。所以在实际创作活动中，我们常常会遇到面对众多形象资料的取舍组合的问题，这就涉及审美取向及服装艺术的特殊性问题。

二、探索不同表现服装造型表达的方法

探索不同表现服装造型表达的方法，可以使设计师在设计时更加自由。笔或颜料绘画是常用方法。服装绘画是为了适应服装发展应运而生的新的画种，它是为服装服务的。服装画可分两类：一类是服装效果图，另一类是时装绘画。

（一）服装效果图

其目的是表现设计者以设计要求为内容，着重于表现服装的造型、分割比例、局部装饰及整体搭配等。因为服装设计是综合设计，并不是完全靠设计师一个人来完成（尤其是成衣），效果图是用来指导后续工作的蓝本。根据设计师提供的效果图，由工艺裁剪师打出服装样板、裁剪衣片，缝纫机工按效果图要求将裁片缝制成成衣。因此，服装效果图是从面料到成衣过程中的蓝本依据。

此外，效果图比较细致准确地表现人与服装结合后的效果，直接且简单地反映穿着后的效果。它也是设计中不可缺少的一个环节，可以省去很多不必要的时间和劳动，根据纸面上的效果图来预测服装的可行性。对那些热衷于自己制作服装的人士来讲，根据效果图就可以找到适合自己，又不与他人雷同的服装款式；按效果图所提供的色彩进行搭配，选择面料，根据排料说明、尺寸数据进行裁剪、缝纫，就可较轻松地给自己做一套满意的服装。

服装效果图的实用目的限定了其表现手法，此类效果图应比较写实、逼真，人物造型不可过分夸张。不能只图画面的好看，而省略服装分割线、结构线的表现；也不能为了准确表现服装面料本身的色彩，而略去环境色，以固有色形式描绘。

在服装设计图中，除彩色效果图外，还有黑白平面结构图及服装相互遮盖部分和某些局部放大部分的设计图。有时还可以加上按比例缩小的裁剪图。设计图要直截了当地表现服装款式的内容和整体的搭配效果。人物以整身形式出现为主，人物的动态力求简单，不可采用影响服装款式效果或易使服装产生较大变形的动态来表达服装效果图。

服装效果图的宗旨是为表现服装款式、色彩、面料质感等因素，所以效果图中的人是为服装服务的。用人的动态最大限度地表现服装的各个方面，若能全面准确地表现服装的表象，就算完成服装效果图的使命了。

（二）时装绘画

时装绘画与服装效果图的目的相反，它是为了表现穿着者着装之后的感觉，所以时装绘画的精神价值是不容忽视的。时装绘画是特殊的绘画作品，它的特点在于题材非常明确，不是一般的人物画，而是穿着有时尚设计感的时装人物画。一般的人物绘画并不像时装绘画中的人物那样怪异，因为一般的人物绘画所要表达的思想感情不一定是超前的。而时装本身就是一种新奇思想的载体，就它本身而言，能否很快被认同、赏识还是未知数，没有充分的解释是很难被理解的。那么，借助于人物的夸张和变形，就成了时装绘画的基本手段。

想象力和创造力是构成时装画美丽世界的两大支柱。时装画必须运用丰富的想象力从异于常人的角度来艺术化地表现所领悟的时代风尚，并在时装画中创造性地将服装、穿着者和环境之间的关系呈现出来。好的时装画能让观者感受到当时的社会气息，可以明显地感受到不同的时代精神。时装画中凝聚了许多设计师的个人感受，人物动态、服装款式及色彩都是一种心态和情感的表现。

虽然时装画和时装效果图都具有实用和审美属性，但在二者身上却呈现出不同的侧重点。就实用属性来看，时装画以目标定位群体的生活状态为述说对象，力求使服装产品与消费者产生共鸣，通常是商家把自己的产品风格化、艺术化地传达给顾客的一种手段，它是理想的美化设计的方法，以达到促销目的。而时装效果图的实用属性则是在设计观念和完成的服装之间搭起一座桥梁，它蕴涵着工作的流程。从某种程度上来说，时装效果图是具有时空效应的。它使思维视觉化，帮助设计师借以检验设计是否已经完善，并且还指导着下一步的工作。同时，由于服装的完成品和效果图通常是有着一定差异的，所以它并不是最终的结果，而只是一个记录的过程。

第三节　服装设计的条件与定位

在进行服装设计之前，了解和掌握设计对象所具备的各方面条件，是我们必须要做的首要工作，因为它是服装设计工作成立的前提。只有充分地了解了这些具体内容，才能有针对性地开展设计工作，才能合理科学的给予服装造型以准确的定位，这是满足顾客需求的基础。

一、服装设计所需考虑的几个条件

现代的服装设计，只有在合理的条件之下，才能发挥出设计的最佳效果，才能创作出实用与美观兼顾的优秀服装设计作品。要达到和实现这样的目的，在进行服装设计时，需要考虑以下六个方面的条件。

① 何时穿着：何时穿着指穿衣服的季节与时间。即春、夏、秋、冬四季和白天或晚间的穿着。

② 何地穿着：何地穿着指穿用衣服的场所和适用的环境。

③ 何人穿着：何人穿着指穿用者的年龄、性别、职业、身材、个性、肤色等方面。

④ 何为穿着：何为穿着指穿用者使用衣物的目的。

⑤ 何用穿着：何用穿着指穿用者的用途。即穿用者依据着装的需要而决定服装的类别。

⑥ 如何穿着：如何穿着指如何使穿着者穿得舒适、得体及满意。这也是服装设计的关键所在。

这六个条件，可以说是服装设计的先决条件，是服装设计师在从事服装设计时，必须从顾客那儿得到的具体内容。依据此内容，设计师才能按照顾客的要求，进行服装设计的效果展示。其具体过程如图1-1所示。

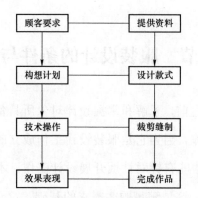

```
顾客要求 ──── 提供资料
   │            │
   ▼            ▼
构想计划 ──── 设计款式
   │            │
   ▼            ▼
技术操作 ──── 裁剪缝制
   │            │
   ▼            ▼
效果表现       完成作品
```

图 1-1　设计师根据顾客要求进行服装设计的具体流程

二、服装设计的定位

服装设计的定位是建立在服装设计的先决条件基础之上的，即服装产品的消费阶层及不同消费阶层的消费取向。只有在这个基础之上，才能对服装设计进行科学的定位和新产品的开发，其内容包括如下。

（一）确定产品的类型

1. 确定产品类别

依据服装市场的消费特点，流行趋势和潜在消费群体的购买能力，结合服装生产企业自身的生产结构特征，合理地来确定服装生产的类别，是休闲装、运动装还是裙套装或裤套装等。

2. 确定产品档次

确定产品档次的关键在于企业自身的条件，它包括企业的生产规模、生产手段，技术的先进程度、人员的综合素质，设计的能力、管理的水平，以及市场占有率的情况等多方面的因素。在服装的生产和设计过程中，应依据这些因素来合理地安排产品的档次。切不可不顾企业的实际情况，盲目地提高或降低企业产品的档次，给企业的经营发展带来不必要的损失。

3. 决定产品批量

当服装的类别、档次被确定以后，应根据产品的销售地区、消费阶层来

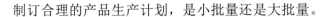

制订合理的产品生产计划，是小批量还是大批量。

4. 设定产品的价格

产品的价格应以产品的产值成本为基础，结合产品在市场上所受欢迎的程度和消费者实际的购买能力来合理地设定，从而起到以价格来进一步推动市场消费的作用。

（二）确定产品的风格

1. 确定产品的造型特点

在市场消费过程中，只有有特点、有个性的服装产品才能吸引消费者。确定服装造型在哪一方面具有独立特色，应以市场的需要为准则。既可以以表现服装的款式造型、色彩配置为主要特点；也可以以表现服装的工艺处理、面料组合为特点，或者以装饰搭配等其他方面为主要特点。

2. 制定产品质量标准

产品的质量标准是检测产品生产质量的依据，是产品质量的保证条件。服装产品的质量标准一般从以下几个方面来制定：服装款式造型的机能标准、主辅面料的理化标准、样板的尺寸规格标准、缝制的工艺标准，以及产品后整理的技术参数标准等。

3. 确立产品的艺术风格

产品的艺术风格主要是由产品的美观性能所决定。它体现着一个生产企业在产品生产、开发过程中对产品风格的确立。这种被确立的产品风格，一旦被消费者所认可，就意味着该企业及其产品在消费者心目当中树立起了良好的形象。因此，确立服装产品具有什么样的艺术风格，对于服装生产企业的发展也是至关重要的。

4. 确立产品品牌特征

一个好的产品品牌是质量与信誉的保证。确立新颖有特色的产品品牌，可以强化人们对产品的认识，引发消费者对产品的兴趣，增进购买欲望，达到促进销售的目的。

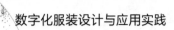

（三）制定产品的营销策略

1. 市场的定位

市场定位即产品的定位。服装生产企业在确定自己产品的市场定位以前，应切实地了解和掌握市场上同类产品的特点和竞争力度，以及这类产品在不同消费市场所受欢迎的程度。然后，针对自己企业的生产能力，销售渠道和促销手段等方面的情况，合理地进行产品的市场定位，以保证产品的顺利销售。

2. 销售的方案

制定合理的销售方案是保障企业顺利发展的重要条件之一。它包括的内容为产品投放的时间、数量、渠道、地点等方面。在制定销售方案时，首先应准确地把握产品的市场定位，然后选择最佳的时间，安排最适当的批量，选择最畅通的途径将产品推向市场。从而实现使企业获得最大经济效益的目标。

3. 销售的路线

销售的路线指的是根据产品的类型、特点和不同的消费阶层的购买能力，而选择的销售区域及进入这一区域的方法。是批发、零售，还是专营、兼营等。

4. 促销的手段

促销的手段指的是服装生产企业为了促进其产品的销售而采取的各种方法。这些方法基本上分为两大类：其一是利用各种媒体的广告形式来介绍产品的特点，起到指导消费的作用；其二是利用服装本身所具有的传播功能，通过举办服装展示会、赠送样品、发放纪念品等不同形式的活动，起到推动产品销售的作用。

（四）制定产品开发的规划

1. 对老产品进行评价

根据现有产品在市场的经销过程中所反馈回来的各种情况，进行科学的综合分析与评价，确定现有产品在市场竞争中的优势和不足。然后，提出具体翔实的改进意见和措施。包括调整生产结构、降低产值成本，变更促销手段，改进生产工艺等方面，以使老产品在市场竞争中能够维持较长的生命力，为企业获得更多的利润。

2. 确立新产品发展的目标

确立新产品发展的目标是指在现有产品生产经营的基础上，确立新产品的发展规模、速度、开发步骤及时间顺序的安排。

3. 确立生产企业的发展战略

确立生产企业的发展战略指的是生产企业依据自身的现有条件，从宏观的角度制定的发展目标和规划。即预计在什么时间内，企业应发展到什么样的程度。具体内容包括企业的发展规模、高科技的生产手段、人员的素质提高、新产品开发的能力、技术的储备、企业的知名度、产品的市场占有率、员工的工资收入等方面。

第四节　款式设计的方法与步骤

服装设计是以市场为导向，根据消费者的需求，以一定的设计形态，通过选用不同的材料，经过不同工艺加工制作来完成的。和其他各类造型艺术的设计过程一样，服装设计从最初的构思设想到样品的加工制作，同样也要经过一定的设计方式和步骤才能完成。

一、集体创意的设计方法

近年来被广泛应用于设计界的是一种集体创意的思考方法，也是集众人的聪明才智来完善每一件设计作品的方法。在运用这种集体创意的方法时，参与人员务必应遵守以下几个方面的规定。

① 不可批评他人所提出的改进构思。

② 尽量探求自由新鲜的想法。

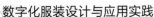

③ 设计创意的量越多越好。

④ 欢迎改善或结合他人所提出的想法。

这种方法是在每一季节来临之前，企业进行新季节产品风格策划时或在每组新的款式样品制作完成后，由公司计划部、设计部、打板部、样品制作部、销售部等部门的工作人员来共同研究商讨该产品的优缺点，并提出改进意见，直至该产品尽可能达到完美的境界。然后，再决定大量的投产、推出销售。参与研讨的小组成员一般 5～10 人即可。样品先由模特试穿，在每个人面前展示，小组成员对该产品的用料、色彩、造型、大小、长短等都可提出个人的看法与意见。并进行充分、自由的讨论。其讨论内容与结果由工作人员记录下来，以便为事后的改进工作做参照的依据。在小组会议中，不仅每个人都应提出自己的看法，而且最好还能尝试着把他人所提出的想法与自己的想法结合起来，以构思出新的生动的创意。

这种集体创意的设计方法，虽然实施起来看似简单，但应用的范围却相当广泛。特别是在所要研究的问题仍不明朗或者尚无法确定时，很容易得到解决问题的方法。

二、个人设计构思的方法

每个人的构思模式和设计方法虽然会因其自身的条件和习惯的不同，在具体操作过程中有所差异，但总体上来讲不外乎两种基本形式，即由整体到局部和由局部到整体。

（一）由整体到局部

这是设计构思时最常用的一种方法。其特征为：在设计过程中，首先根据已知的条件，构思出一个总体的框架（方向定位）。然后，再根据这个整体的思路，进行各局部的设计，直至最终达到设计的要求。以礼服为例：服装除了要保持其实用性的基本功能以外，还应重点反映服装的礼服特点，以便达到服装与环境相适应的目的。因而，在具体的设计过程中，应当以总体定位为依据，无论在款式的造型、色彩的搭配、面料的选择，还是在各局部的装饰方面，都要围绕着礼服这一主题来进行构思，并在造型过程中加以充分的体现及落实，最终达到设计要求的目的。

（二）由局部到整体

这种方法与前者不同，它事先既没有一个整体的构思设想，也没有什么设计要求及条件。而是由于得到某一种灵感或者受到什么启示，进而想象出服装的局部特征，然后再把这种局部的特征进行外延扩大化的展开，从而构思出完整的设计。这种方法带有很强的偶然性和探索性，虽说比较冒险，但是由于设计者是怀着一种浓厚的兴趣和自信心去体验、追求和创作。所以，也是一种较为常用的方法。

除了上述所讲的方法之外，服装设计师在进行设计构思时，还常用以下几种不同的方法来展开思考探索。

（三）观察法

① 缺点列记法：把现存的缺点列记出来，通过改良或去除，使产品达到更加完美的一种思考方法。

② 优点列记法：列记出优点，使这些优点能够发扬光大，进而影响整个产品设计的方向。

③ 希望点列记法：找出产品能做进一步发展的希望点并记录下来，然后进行探讨，以求得能在原有基础上有新的发展。

（四）极限法

① 形容词：大—小，高—低，长—短，粗—细，轻—重，软—硬，明—暗，多—少等。

② 动词：如重叠、复合、移动、变换、分解、回转等。

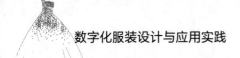

（五）反对法

从反对的立场来思考，共包括七个方面。

① 把居于上面的设计移到下面看一看。例如，把肩部的装饰手法用于裙子的下摆设计上，来检查其效果如何。

② 把左边的设计转移到右边来看一看。例如，把左边的分割线转移到右边，来检查其效果如何。

③ 把男性用的变成女性用的。例如，夏耐尔把海军领的设计变成女用时装的活泼样式。

④ 把高价物变为廉价物。例如，采用较为廉价的面料取代高档面料，来制作相同的款式，以降低成本。

⑤ 把前面的设计转移到后面。例如，把罗马领改变到背部，看其效果如何。

⑥ 把表面的部分转移到里面。例如，把口袋或纽扣由衣服的表面设置到里面，来检查其效果如何。

⑦ 把圆形设计变为方形设计。例如，把圆领口变成方领口等，来检查其效果的变化。

（六）转换法

尝试着把某种物品作为解决其他问题的想法。例如，能否使用到其他领域上，能否使用其他材料来替代等。

（七）改变法

将某一部分以其他创意、材料来取代的方法。包括以下三个方面。

① 改变材料，例如，皮的改成布的，花的改成素的等。

② 改变加工方法，例如，缝合的改变成黏合的，拉链的改变成系绳的，

长袖的改变成短袖的等。

③ 改变某些配件，例如，塑胶粘扣改变为铜质拉链，荷叶边改变成蕾丝等。

（八）删除法

能否除去附属品，能否更加单纯化。对于现有的物品能删除的就尽量删除，对本质性的必要性的东西，再做进一步的探讨。

与删除法相对的是附加法，在设计过程中也可以使用。

（九）结合法

把两种或两种以上的功能结合起来，产生出新的复合功能的方法。例如，把裙子和裤子结合起来组构成裙裤，把泳装和瘦裤结合起来组构成运动型时装等。

三、设计的过程

服装设计离不开消费者，也就是说离不开市场。尤其在当今的商业社会里，定做服装已经逐渐衰落。取而代之的便是由服装设计师所设计的时装和成衣。因而，寻找市场上的共通性和需求性，就成为每一个设计师最重要的课题。

设计师必须充分地了解市场上的需求，才能在设计过程中做到有的放矢。下面是服装公司的设计过程。

① 确立商品的风格计划：在新的季节来临前先做好整体风格、外形、色彩及材料的计划。

② 研究开发：研究产品开发的可行性和被市场接受的程度。

③ 设计稿：针对上述两项前提绘制设计图。

④ 制作样品：根据选择之后的设计稿件裁制样品。

⑤ 评估会议：样品完成后，集合有关人员集体研究，提出改进意见。

⑥ 变更设计：根据改进意见，调整设计。包括款型、色彩、面料、工艺、装饰等方面。

⑦ 产品生产：决定生产数量、分配生产流程路线与制定完成日期。

⑧ 推出销售：分配销售网点与制定销售路线。

设计过程的示意图如图 1-2 所示。

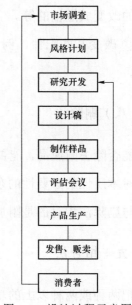

图 1-2　设计过程示意图

第五节　服装流行趋势的产生与预测

流行，是因为成功的服装一定是入时而流行的。时髦具有一种神奇的力量。任何环境、任何文化背景、任何时代的个体，都会不由自主地追随时髦风尚，而不愿被旁人视作异物或落伍者。正是这种时髦心理，引发了人类千年来时尚的兴衰和演化更替。人类天生喜欢创新和不断地追求变化，并从创新求变中得到那份强烈的创造欲和满足感。同时，人类还拥有善于模仿与倾向大众化的天性，这种集大多数人的共同嗜好或者自然的肯定某种趋向的行为，就造成了所谓的流行。

一、流行产生的原因

流行的产生通常要受到多种因素的影响，这些因素归纳起来，颇具代表性的有以下五种因素。

（一）社会经济状况的因素

当社会经济不景气时，人们就会把精力放在民生问题方面。首先要求解决食品和居住的问题，对于服装的款式是否流行并不那么看重，也不会时常的购置新衣物。于是就造成了服装市场的萎缩，服装款式的变化自然也就会相应减少，甚至是停滞不前。相反，在社会经济繁荣富裕时，人们便会不断的追求新的服装款式，以满足其时髦的心理欲望。而作为设计师就要不断地创新、竞逐，使新的流行不断地涌现出来。

（二）大众需求与接受的能力

当流行产生时，新款式首先出现。一般人对于新款式，并不能马上接受下来，而是需要经过一段相当的时间。在新款式逐渐变得普通时，人们看到其他人穿上了新的款式，往往会在心理上感觉到自己也必须赶上潮流。否则，会让人认为自己不合时宜，太土。因而，对新款式也有一种需求，于是流行便蔓延至每一个角落。在此期间，某些设计师的作品，可能会因过于的怪异，不符合人们的心理条件和接受能力，而在一段很短的时间内悄然消失。

（三）时代背景

流行是随着时代而变迁的，不同的时代，款式及其流行都与当时人们的生活习惯，审美观念、经济状况相吻合，否则便无法形成流行。同样的道理，时代改变了，曾经流行的款式便成了过去，只好被新的流行所取代。

（四）地域环境的影响

世界上每一地域，人们的社会状况，经济环境，风俗习惯都有所不同，款式的流行也有区别。例如，巴黎是世界服装中心，是流行的发源地，但在巴黎流行的款式，并不一定会在中国流行开来。即使流行开来，也是在经过了一段时间以后，中国人对于这种流行有了充分的认识、认可后，才会慢慢

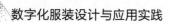

地流行开来。所以，流行也会受地域环境的影响。

（五）国际事件对人们的冲击

1972 年，美国总统尼克松访问中国，法国的服装设计师们率先将中国的服装加以改变，搬上了世界时装舞台。这种富有浓厚的中国及东方色彩的新款式一经展示，便在全世界范围内掀起了一阵中国热。1976 年，爆发了世界石油危机，阿拉伯各国又成了世界上的新贵，于是服装款式中又充满了中东风格。从这里我们不难看出，大的国际事件通过对人们心理上的触动是可以改变其生活状态的，反映到服装上亦可改变其流行的特征。

总之，如果细心地研究上面的几个因素，便会发觉流行的趋势是有脉络可寻的，并不是凭空任意营造出来的。而任何与社会脱节的款式，都是难以生存的。有些服装设计师往往主观性太强，对于款式及色彩的设计，太注重个人口味，而缺乏对潮流及穿着者心理的深入研究。于是乎，作品便成了不切实际，哗众取宠的款式，不但缺乏代表性，也不能为大众所接受，很快就被淹没在流行的潮流中。当然，我们也不能否认没有个人口味便无法产生特色的事实。但是作为设计师，应该抓住设计的主流特征和时代演变的重点，并进一步把握住穿着者的需求。然后，配合自己的口味和个性，设计出别具一格的、具有突出特点的服装款式。并且顾及服装的实用价值，不靠标新立异来取胜。

二、流行的类型

（一）作为社会现象的流行

流行作为社会的客观存在，顺应人的趋同心理的形成和发展。当社会遇有突发事件，例如，在政治、经济、战争等形势突变情况下，由于社会情况变化，要求人们迅速适应因政治信念上的急需表现而迅速流行起来。20 世纪70 年代，全球的注意力集中引向中东地区，也引发了时尚界对阿拉伯地区的兴趣。于是，T形台上出现了许多具有东方情调的宽松样式服装，与西方传统的构筑式窄衣结构截然相反，不强调和体、曲线，线条宽松肥大的非构筑式结构，这种东方风格风靡一时，以此为契机，三宅一生、高田贤三这两位来自东方的设计师大受欢迎，一举成名。

（二）作为象征的流行

流行原本就是人们追求、理想的一种象征。具有民族、地区特点，并与历史上长期积淀的文化紧密关联。久而久之，形成某国、某地及某一民族的习惯，如中国人通常以红色象征喜庆，白色象征悲哀；而西方人恰恰以白色作为婚礼的标准用色。随着全球范围文化的交流，人类审美意识的变化，某些为各方面都能够接受的象征意义等会走向部分趋同。

（三）作为商品的流行

作为商品的流行是由某集团或在某人的推动下设计生产出来并投放市场，吸引人们购买使用（包括动用舆论和宣传工具等）而形成的流行。每年巴黎、伦敦、纽约等时尚集中地和全球各大服饰品集团、面料公司所做的流行发布、流行预测，以及各大国际服饰、面料，甚至纱线展会都成了"作为商品的流行"的策源地。

事实上，上述三类流行经常呈现出互相交错的现象，表现了流行与人类生活密不可分及其丰富的内涵。如果没有政治动荡、经济危机或某种不可抗力而导致社会物质生活基础崩溃，或者没有新兴技术在实质上增进材料对人体的有益用处，现代服装的流行只会更多地与意识形态或精神领域的需求有关。除了从流行时尚中攫取利润的商业目的、物质生活逐渐丰裕等外在因素，人们难以抚平的精神文化消费欲望是引发流行的内在动力。正是如此，种种"形而上"的新概念、新解释才被赋予了流行时尚的内容。

服装作为一种时空艺术，依存于各种信息来展开设计、生产、销售等一系列经营活动。能否及时掌握信息、能否有效利用信息，在资讯传媒高度发达、市场竞争异常激烈的当今，直接关系到品牌的生死存亡。正是在这一意义上，服装业才被人们认为是一种特殊的"信息产业"。通过环境分析可知，服装商品企划所依赖的信息来源极为广泛，形式也多种多样。按照服装信息分类的一般方法，通常将它们分为业内资讯、市场资讯和流行信息。

三、流行周期与预测

反复是一种自然规律，表现在流行中即流行的周期性，每隔一段时间就会重复出现类似的流行现象。周期性是人类趋同心理物化和心理的综合反映，和其他领域的流行一样。

（一）服装流行周期阶段

1. 产生阶段为最时髦阶段

由著名设计师在时装发布会上推出高级时装（先导物），高级时装作品发布会每年于一月（春夏季）和七月（秋冬季）举办两次。高级时装是由高级的材料、高级的设计、高级的做工、高昂的价格、高级的服用者和高级的使用场所等要素构成的。这种时装的生产量也非常少，因为即使在全世界范围内统计，消费得起这类服装的富豪权贵不超过 2 000 人。只有如此量少价高的措施，才能以盈利的部分平衡不被市场接受的部分所造成的损失。

2. 发展阶段是流行形成阶段

由高级成衣公司推出时装产品，此阶段的高级成衣虽然与第一阶段相比，价格相对低廉，但对大众来说，仍然是无法消费得起的天价，因此只能在某些特定阶层中流行，还无法形成规模，但因为这个阶段的消费者多是演艺界、政界人士中受人瞩目的社会名流，故而为下一个阶段的大规模流行积蓄了潜力，促成第三阶段的产生。

3. 盛行阶段是流行的全盛阶段

由大众成衣公司推出大多数人都可以消费得起的价格低廉、工艺相对简单和由大规模生产制造出来的成衣。此阶段，时装已真正转化为流行服装，被众多的人穿用。

4. 这一轮流行在消退阶段已经达到鼎盛阶段

该服装的普及率已经最大，以至于市场被大限度地充斥占据。在此阶段，大众的从众心理已过去，喜新厌旧的心理开始发挥作用，使这类服装的穿着者大幅减少，或者成为大众喜爱的日常基本款式被长久使用，或暂时消退，待机再起成为新的流行。

（二）流行预测的概念和作用

预测即运用一定的方法，根据一定的资料，对事物未来的发展趋势进行科学和理性的判断与推测。以已知推测未知，可以指导人们未来的行为。预测的种类多种多样，如股票、经济、军事、服装工业产品等。

成衣流行预测是对上个季度、上一年或长期的经济、政治、生活观念、市场经验、销售数据等进行专业评估，推测出未来服饰发展流行方向。一般情况下，做色彩、纱线、材料、款式、男装、女装、童装等的分类预测，视流行预测机构的功能不同而不同。各服装企业也做适合本企业需要的趋势预测。了解成衣流行趋势的过程和基本原理，可以有效地对本行业的最新动向进行研究、分析和判断，合理应用流行趋势可以降低设计成本、降低生产风险，可以合理地安排生产。引进流行趋势分析理念，可以提高把握市场的准确性，减少制作样衣的不必要投入。

四、服装流行预测的分类

（一）按照预测时间长短划分

1. 长期预测

长期预测多指一年以上的预测。如巴黎国际流行色协会发表的流行色比销售期提前 24 个月；《国际色彩权威》杂志每年发布早于销售期 21 个月的色彩预测；美国棉花公司市场部预测发布的棉纺织品流行趋势比销售期提前

18 个月；英国纱线展发布提前销售期 18 个月的流行预测。

2．短期预测

短期预测指一年以内的预测。如巴黎、米兰、伦敦、纽约、东京、中国香港、北京等时装中心的成衣展示会，包括各成衣企业举办的流行趋势发布和订货会以及各大型商场的零售预测。

（二）按照预测范围大小划分

1．宏观预测

宏观预测一般指大范围的综合性预测。这类预测对同一地区内的所有商家都具有指导意义，如国际流行色协会的色彩预测、中国流行色协会的色彩预测等。

2．微观预测

微观预测可具体到生产不同服装产品的成衣预测。如内衣产品预测、西装产品预测、风衣产品预测等。

（三）按照预测方法不同划分

1．定性、定量预测法

对预测对象的性格、特点、过去、现状和销售数据进行量化分析，推测和判断成衣产品未来的发展方向。预测前，必须进行广泛的市场调查，在分析消费者与预测对象相关联的各个层次的基础上进行科学统计预测。这类预测非常科学、细致，但预测的成本较高，适合中、小国家的流行预测，如日本的流行预测就经常采用定性、定量预测法。

2．直觉预测法

聘请与流行预测有关的服装设计师、色彩专家、面料设计师、市场营销专家等有长期市场经验的专业人士凭直觉判断下个季度的流行趋向。参与流行预测的人士，必须有丰富的市场阅历和经验，有高度的归纳和分析能力，对市场趋势具有敏锐的洞察力和较强的直觉判断力，有较高的艺术修养和客

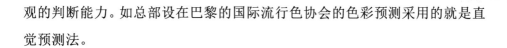

观的判断能力。如总部设在巴黎的国际流行色协会的色彩预测采用的就是直觉预测法。

五、流行趋势对服装设计的影响

流行趋势的发展变化，使服装在外形、局部、线型、色彩和布料等方面亦发生变化。例如，我国 20 世纪 80 年代服装流行的情形：1980 年，西服出现在青年人当中；1982 年，猎装较为流行；1984 年，流行大直筒裤、男士高跟鞋；1985 年，流行运动服；1986 年，流行萝卜裤，窄腰西服；1988 年，流行牛仔系列、牛仔布一枝独秀；1989 年，流行裙裤。其间色彩也前后流行过宝石蓝、紫罗兰、明黄、果绿等。

我国的时装潮流趋向一般来讲，深受欧洲及日韩时装潮流的影响。其动向，相对比较容易推测。问题是设计师应如何去适应潮流，设计出合乎时宜的新款式。因为只有适合时令和流行的款式，才有美的效果。流行而且有时尚感的衣服，在人们心理上最容易获得好感。穿着比别人较为新颖的服装，在内心会有一种优越感，这种优越感，是造成流行的动机。另外，一般人均有喜新厌旧的倾向，因此，流行的根源发自于我们的内心。而设计师只不过是把握了人们的心理和需要，予以诱导，具体呈现而已。设计师绝不能独自制造流行，而是要揣测大众的心理，正确抓住人们所追求的是什么，往哪个方向发展等关键问题来培育流行的萌芽。

对于一种流行，我们不妨把它比作一条宽大的河流，而一种趋势，通常包罗万象。假设你所设计的服装，相当于一杯水的分量，那么，流行的整体就是一条大的河流了。因此，可以说，任何人都可以在流行的潮流中选择出适合自己的服装款式。也许对于初学者来说，繁多的式样，快节奏的流行变化，容易使人发昏，难以承受。但是，从广义上来讲，如此的千变万化乃是为了让每个消费者都能有称心如意的装扮，这也是一种必然的现象。

当在分析了上述流行的成因之后，再从中采取能使穿着者显得生动的服装外形，这就是运用的服装设计原则了。如果在服装设计过程中，不能有效

地整体利用流行的特点，那么，就设法在服装局部中采用。要是局部仍感到不易讨好，不妨单独选用新颖的服装材料或者新鲜的服饰配色，同样也能显现出一种流行的气氛。

总之，流行是一种趋势，它包罗万象。在服装设计过程中既可以从大的方面进行整体的把握，也可以从服装局部特点着手。不必拘泥于非把流行的外形一成不变的搬过来加以运用，更不用设计的完全符合流行的格式。对于流行，要灵活地运用才能创造出更好的服装设计作品。

第二章 数字化与数字化服装技术

随着市场导向型时代的到来，以企业为主导的时代已经不复存在，这意味着生产管理者要站在消费者的立场上考虑问题。更好的产品，更为低廉的价格，永远是顾客的要求。品质、成本和交货期成为生产活动中的三要素。把这三个要素投入到生产活动中，使人、原材料和设备得到高效率的利用，并且使各项的要素到达一个平衡，这就是生产管理的职能。研究和创新服装生产管理的方法，提高生产效率，是生产管理发展的本质。一个合乎时代发展的生产管理的新模式，是企业改革必须要思考的。以企业为全体对象进行统一管理和改善的准时生产（JIT）的生产管理方式应势而出，它从日本扩展至欧美等国，对全世界的制造业产生了巨大的影响。

服装制造业是劳动密集型的企业，服装款式及各种原材料、面辅料丰富复杂，对制造技术及设备也有更多的功能性的要求。生产管理意识的提高使生产设备得到改良、改善，数字化全自动模版缝纫机的发明和完善，减少了对熟练技术工人的依赖，使手工复杂的服装制造业进入标准化生产变成了现实，同时服装生产模板的设计和应用变得迫切和必不可少。数字化传感器（电子工票）的应用，解决了生产在制品数据的实时统计准确性问题，使得生产中的各种数据信息成为管理者快速市场反应的有力依据。计算机的普及应用，对制造业产生了深远影响，颠覆了传统而又古老的服装生产方式。部分服装企业开始利用计算机进行改革，对企业信息化进行规划和资源整合，改善企业生产供应链，建立信息化平台。建立标准生产程序、制订科学的生产计划，使生产达到平衡，从而提高生产效率，降低成本，提高企业竞争力。

各种数字化技术通过互联网，使智能化不断升级。未来的制造业越来越依赖于计算机的技术，未来的服装制造业将是一个数字化的产业。

第一节　数字化概念与作用

"数字化"这个词语源自拉丁语"digitus"，意思是"手指"。"数字化"是这个时代最时髦的用语，我们的生活也越来越离不开数字产品，如"数字化电视"等。

计算机内部是以数字化的方式来工作的，计算机使用数字"0"和"1"并借助晶体管工作，"0"表示不导电，"1"表示导电，这便是"二进制"计算方法。它是在 300 年前由哲学家戈特·弗里德·威廉·莱布尼茨发现的。无论多大的数，都能用"0"和"1"这两个数字来表达。例如，数字 8 可以用"1000"表示，14 可以用"1110"表示，1 000 可以用"1111101000"表示（图 2-1）。二进制也可以处理文字，计算机专家们都在使用一种编码——ASCII 编码，这种编码分别将每一个字母和标点符号与相应的二进制数字相对应。例如，字母"A"在 ASCII 编码中用"1000001"来描述。

二进制
1 = 1
2 = 10
3 = 11
4 = 100
5 = 101
6 = 110
7 = 111
8 = 1000
9 = 1001
10 = 1010
11 = 1011
12 = 1100
13 = 1101
14 = 1110
15 = 1111
16 = 10000

图 2-1　计算机的计算方法

数字化技术的应用，引起了制造信息的表述、存储、处理、传递等方法的深刻变革，使制造业逐步从传统的生产型向知识性模式转化。数字化技术是制造业信息化的基础，它以计算机软件、外围设备、协议和网络为基础，用于支持产品全生命周期的制造活动和企业的全局优化运作。数字化制造将传统制造中的许多定性的描述转化为数字化的定量描述，并建立不同层面的系统数字化模型，利用仿真技术，使产品设计、加工、装配等制造过程实现全面数字化。

数字化设计、加工、分析技术，以及数字化制造中的资源管理技术等构成了数字化制造的支撑技术，是实现数字化制造的重要途径。

第二节　数字化服装的概念

21世纪，数字化技术广泛应用于服装、广告、影视、动画等行业。数字化技术的应用给传统的设计方法注入了新的理念，将想象通过计算机变为现实，将看似毫无关联的内容结合起来，产生新的构思和创意。数字化技术使服装产业的机械化和自动化程度随之提高，给服装设计师也带来了巨大的灵感和震撼。

服装工业与服饰文化的演变是伴随人类文明进步而发展的。从20世纪80年代起，随着计算机技术的日益发达，服装行业也开始进入服装高新技术和信息技术的变革时代。服装数字化技术已经涵盖了整个服装生产的过程，包括服装设计、样板制作、推版、成衣信息管理、流程控制、电子商务等方面。

一、服装成衣的数字化设计

（一）服装款式设计

进入21世纪，数字化技术广泛应用于服装设计与生产中。它给传统的服装设计注入了新的理念。数字化服装设计是融计算机图形学、服装设计学、数据库、网络通信等知识于一体的高新技术。

从广义的角度看，服装设计包括从服装设计师的构思款式图开始到服装生产前的整个过程，基本上可以分为款式设计、结构设计和工艺设计三个部分。数字化服装设计已经应用到服装设计的整个过程了。数字化服装设计技术是指利用服装CAD（计算机辅助设计）和服装VSD（可视缝合设计）技术进行服装设计。

数字化服装设计是利用计算机和相关软件进行服装设计和生产的过程。

随着信息化时代的来临，服装专业教学和生产都在广泛开展数字化设计和应用，提高了服装企业的生产效率，提高了服装产品的质量，提升了服装企业的科技含量和品牌文化含量，这是我国服装行业的必然发展趋势。为了适应这种形势，服装专业的教学内容和手段都应做出适时调整。

数字化技术与服装设计三大要素有如下关系。

1. 面料设计

数字化技术在软件的特效菜单中为人们提供了丰富的创作内容。一些独特的艺术处理，能奇妙地改变图像的效果，成为服装创作中不可缺少的表现手段，特别是在进行面料设计时，可以根据不同的材料相互衬托，互相对比，利用图像花纹，可生成相对逼真的效果，使服装造型与图像花纹巧妙结合，产生丰富的变化，对画面能起到特殊的烘托效果，使很复杂的服装面料可以瞬间表现出来。例如，可以充分运用 Photoshop 和 Painter 中的画笔工具、图案生成器、滤镜等功能实现设计。

2. 色彩的运用

计算机上色比手绘方便快捷得多，可任意调配选用。它提供了 RGB、CMYK、HSB、LAB 等多种色彩模式（RGB 是最基础的色彩模式，CMYK 是一种颜色反光印刷减色模式，HSB 是视觉角度定义的颜色模式，RGB 模式是一种发光屏幕的加色模式），并可进行色彩转换，通常采用的是 RGB 的色彩模式。如需印刷并将图像输出最佳效果，则转换成 CMYK，或一开始就使用 CMYK。通过数据的设置可以精确地设置控制色彩变化关系，还可以将自己喜欢的颜色和色调进行保存，按照色相、明度和纯度进行任意排列，提高设计的效率。

3. 款式的应用

高科技的运用，使款式搭配变得轻而易举。可通过软件中的变形工具进行整体的拉长、放大和缩小，使夸张变形的时装人物产生艺术效果。在画款式效果图时，主要应用 CorelDRAW 中的路径、标尺和文字等工具画出其款式图和结构图，以便更详细地表现款式的前后结构，为工艺制作提供明确的参数。

随着版本的不断升级，软件的功能变得越来越强大，每个软件都有自己的特性和功能，在制作时可根据设计要求相互转化，针对不同特点，大胆尝试和创新，掌握各种软件不同的变化规律综合运用。例如，要表现一张完整的服装设计图，可以先用 Photoshop 通过现有的图片或速写资料进行扫描，然后在 Painter 中绘制服装并进行设计，再导入到 Photoshop 中编辑、调整并加特效，在 CorelDRAW 中完成裁剪图和结构图的绘制，形成一套完整的服装制作示意图。

对数字化技术的认识与了解需要不断探索和创新，通过款式、面料、色彩与软件的紧密结合丰富设计。能否熟练地掌握数字化技术只是个时间的问题，但能否使用这项技术创造出优秀的服装作品，就需要多方面能力的培养与提高。只有通过学习，不断提高自身综合艺术修养，才能使数字技术更好地为我们服务。

（二）服装样板的数字化设计

20 世纪 70 年代，亚洲纺织服装产品冲击西方市场，西方国家的纺织服装工业为了摆脱危机，在计算机技术的高度发展下，促进了服装 CAD 的研制和开发。作为现代化高科技设计工具的 CAD 技术，便是计算机技术与传统的服装制作相结合的产物。对于服装产业来说，服装 CAD 的应用已经成为历史性变革的标志，同时也使传统产业追随先进的生产力而发展。服装CAD 是利用人机交互的手段，充分利用计算机的图形学、数据库，使计算机的高新技术与设计师的完美构思、创新能力、经验知识完美组合，从而降低了生产成本，减少了工作负荷、提高设计质量，大幅缩短了服装从设计到投产的时间。

随着计算机技术的发展及人民生活水平的提高，消费者对服装品位的追求发生着显著的变化，促使服装生产向着小批量、多品种、高质量及短周期的方向发展。这就要求服装企业必须使用现代化的高科技手段，加快产品的开发速度，提高快速反应能力。服装 CAD 技术是计算机技术与服装工业结合的产物，它是企业提高工作效率、增强创新能力和市场竞争力的一个有效工具。

服装 CAD 系统主要包括两大模块，即服装设计模块、辅助生产模块。其中，设计模块又可分为面料设计（机织面料设计、针织面料设计、印花图案设计等）、服装设计（服装效果图设计、服装结构图设计、立体贴图、三维款式设计等）；辅助生产模块又可分为面料生产（控制纺织生产设备的 CAD 系统）、服装生产（服装制版、推版、排料、裁剪等）。

1. 计算机辅助设计系统

所有从事面料设计与开发的人员都可借助 CAD 系统，高效快速地展示效果图及色彩的搭配和组合。设计师不仅可以借助 CAD 系统充分发挥自己的创造才能，同时，还可借助 CAD 系统做一些费时的重复性工作。面料设计 CAD 系统具有强大而丰富的功能，设计师利用它可以创作出从抽象到写实效果的各种类型的图像，并配以富于想象力的处理手法。

服装设计师使用 CAD 系统，借助其强大的立体贴图功能，可完成比较耗时的修改色彩及修改面料之类的工作。这一功能可用于表现同一款式、不同面料的外观效果。实现上述功能，操作人员首先要在照片上勾画出服装的轮廓线，然后利用软件工具设计网格，使其适合服装的每一部分。在所有服装企业中，比较耗资的工序都是样衣制作。企业经常要以各种颜色的组合来表现设计作品，如果没有 CAD 系统，在对原始图案进行变化时要经常进行许多重复性的工作。借助立体贴图功能，二维的各种织物图像就可以在照片上展示出来，节省了大量的时间。此外，许多 CAD 系统还可以将织物变形后覆盖在照片中模特的身上，以展示成品服装的穿着效果。服装企业通常可以在样品生产出来之前，采用这一方法向客户展示设计作品。

2. 计算机辅助生产系统

在服装生产方面，CAD 系统应用于服装的制版、推版和排料等领域。在制版方面，服装纸样设计师借助 CAD 系统完成一些比较耗时的工作，如样版拼接、褶裥设计、省道转移、褶裥变化等。同时，许多 CAD/CAM 系统还可以测量缝合部位的尺寸，从而检验两片衣片是否可以正确地缝合在一起。生产企业通常用绘图机将纸样打印出来，该纸样可以用来指导裁剪。如果排料符合用户要求的话，接下来便可指导批量服装的裁剪。CAD 系统除具有样板设计功能外，还可根据推版规则进行推版。推版规则通常由一个尺寸表来定义，并存储在推版规则库中。利用 CAD/CAM 系统进行推版和排料所需要的时间只占手工完成所需时间的很小一部分，极大地提高了服装企业的生产效率。

大多数生产企业都保存有许多原型样板，这些原型版是所有样板变化的基础。这些样板通常先描绘在纸上，然后再根据服装款式加以变化，而且很少需要进行大的变化，因为大多数的服装款式都是比较保守的。只有当非常合体的款式变化成十分宽松的式样时才需要推出新的样板。在大多数服装企业，服装样板的设计是在平面上进行的，做出样衣后通过模特试衣来决定样板的正确与否（通过从合体性和造型两个方面进行评价）。

3. 服装 CAD 服装制版工艺流程

服装样板设计师的技术在于将二维平面上裁剪的衣片包覆在三维的人体上。目前世界上主要有两类样板设计方法：一是在平面上进行打板和样板的变化，以形成三维立体的服装造型；二是将面料披挂在人台或人体上进行立体裁剪。许多顶级的服装设计师常用此法，即直接将面料披挂在人台上，用大头针固定，按照自己的设计构思进行裁剪和塑型。对设计师来说，样板是随着他的设计思想而变化的，将面料从人台上取下并在纸上描绘出来就可得到最终的服装样板。以上两种样板设计方法都会给服装 CAD 的程序设计人员以一定的指导。

国际上第一套应用于服装领域的 CAD/CAM 系统主要用来推版和排料，几乎系统的所有功能都是用于平面样板的，所以它是工作在二维系统上。当然，也有人试图设计以三维方式工作的系统，但现在还不够成熟，还不足以指导设计与生产。三维服装样板设计系统的开发时间会很长，三维方式打版也会相当复杂。

（1）样板输入（也称开样或读图）

服装样板的输入方式主要有两种：一是利用 CAD 软件直接在屏幕上制版；二是借助数字化仪将样板输入到 CAD 系统。第二种方法十分简单，用户首先将样板固定在读图板上，利用游标将样板的关键点读入计算机。通过按游标的特定按钮，通知系统输入的点是直线点、曲线点还是剪口点。通过这一过程输入样板并标明样板上的布纹方向和其他一些相关信息。有一些 CAD 系统并不要求这种严格定义的样板输入方法，用户可以使用光笔而不是游标，利用普通的绘图工具（如直尺、曲线板等）在一张白纸上绘制样板，数字化仪读取笔的移动信息，将其转换为样板信息，并且在屏幕上显示出来。目前，一些 CAD 系统还提供自动制版功能，用户只需输入样板的有关数据，系统就会根据制版规则产生所要的样板。这些制版规则可以由服装企业自己建立，但它们需要具有一定的计算机程序设计技术才能使用这些规则和要领。

一套完整的服装样板输入 CAD 系统后，还可以随时使用这些样板，所有系统几乎都能够完成样板变化的功能，如样板的加长或缩短、分割、合并、添加褶裥、省道转移等。

（2）推版（又称放码）

计算机推版的最大特点是速度快、精确度高。手工推版包括移点、描版、检查等步骤。这需要娴熟的技艺，因为缝接部位的合理配合对成品服装的外观起着决定性的作用，因为即使是曲线形状的细小变化也会给造型带来不良的影响。虽然 CAD/CAM 系统不能发现造型方面的问题，但它却可以在瞬间完成网状样片，并提供有检查缝合部位长度及进行修改的工具。

CAD 系统需要用户在基础板上标出推版点。计算机系统则会根据每个推版点各自的推版规则生产全部号型的样板，并根据基础板的形状绘出网状样片。用户可以对每一号型的样板进行尺寸检查，推版规则也可以反复修改，以使服装穿着更加合体。从概念上来讲，这虽然是一个十分简单的过程，但具备三维人体知识并了解与二维平面样板的关系是使用计算机进行推版的先决条件。

（3）排料

服装 CAD 排料的方法一般采用人机交换排料和计算机自动排料两种方法。排料对任何一家服装企业来说都是非常重要的，因为它关系到生产成本的高低。只有在排料完成后，才能开始裁剪和加工服装。在排料过程中有一个问题值得考虑，即可以用于排料的时间与可以接受的排料率之间的关系。使用 CAD 系统的最大好处就是可以随时监测面料的用量，用户还可以在屏幕上看到所排样板的全部信息，再也不必在纸上以手工方式描出所有的样板，仅此一项就可以节省大量的时间。许多系统都具有自动排料功能，这使得设计师可以很快估算出一件服装的面料用量，面料用量是服装加工初期成本的一部分。根据面料的用量，在对服装外观影响最小的前提下，服装设计师经常会对服装样板做适当的修改和调整，以降低面料的用量。裙子就是一个很好的例子，如三片裙在排料时就比两片裙紧凑，从而可提高面料的使用率。

无论服装企业是否拥有自动裁床，排料过程都需要很多技术和经验。我们可以尝试多次自动排料，但排料结果绝不会超过排料专家。计算机系统成功的关键在于，它可以使用户试验样板各种不同的排列方式，并记录下各阶段的排料结果，通过多次尝试就可以很快得出可以接受的材料利用率。这一过程通常在一台计算机终端上就可以完成，与纯手工相比它占用的工作空间很小，需要的时间也很短。

由于计算机自身的特点和优势，利用服装 CAD 技术来完成服装样板的绘制并进行推版、排料是相对准确的。并且可以提高工作效率和降低生产成本。

二、服装生产管理、营销的数字化管理

数字化服装生产管理和营销系统是集先进的服装生产技术、数字化技术

和先进管理技术于一体的服装生产管理、营销管理模式。它是借助计算机网络技术、信息技术和自动化技术，以系统化的管理整合服装企业生产流程、人力物力、数据管理、资源管理等。

（一）服装 ERP

ERP 全称是 Enterprise Resource Planning，就是企业资源计划系统。服装 ERP 是针对服装生产企业采用全新开发理念完成的管理信息系统，通过将制单、用料分析、生产、工菲（工票）、计件统计、生产计划、人力资源、考勤、仓库、采购、出货、应收、应付、成本分析等环节的数据进行统一的信息处理，使得系统形成一个完整高效的管理平台。服装 ERP 可以为服装企业提供产品生命周期管理、供应链及生产制造管理、分销与零售管理、电子商务、集团财务管理、协同管理、战略人力资源管理、战略决策管理与 IT 整合解决方案，帮助服装企业提升品牌价值，获取敏捷应变能力，实现持续快速增长。

（二）服装 RFID

RFID 全称是 Radio Frequency Identification，就是射频识别系统，又称电子标签、无线射频识别、感应式电子晶片、近接卡、感应卡、非接触卡和电子条码。服装行业里称之为"电子菲"。

服装 RFID 信息管理系统是运用无线射频识别技术（RFID），通过实时采集工人生产信息及工作效能，为工厂提供一套完整的解决方案，帮助管理者从系统平台获取实时生产数据，使之随时随地了解关于生产进度、员工表现、车位状态、在制品数量等各方面的综合信息。同时，电子标签为管理人员、公司高层和车间一线工人建立了一个连接渠道，每个工人的生产进度可以直接反馈给管理人，使之实时统计工人计件工资，评估工人表现，从不同角度分析多种数据，以便管理者做出客观决策和挖掘更有意义的数据，从而提高服装企业的生产效率和管理决策能力。

（三）服装 ERP 和 RFID 优点

1. 生产数据能够准确、实时地采集

生产数据的实时反馈是保证生产运营畅通的基础。系统在生产车间采集实时生产数据，是通过工人在生产过程中通过插拔卡或刷卡的方式来实现，RFID 阅读器读出 RFID 卡中所带有的特定信息并实时反馈到系统中，服务器每 5 秒更新一次数据。这种操作方式系统能够提供实时的生产数据，便于进行采集和数据分析。

2. 生产力在原有的基础上实现提升

生产车间实时生产数据反馈到系统，通过系统监控可以实时发现阻碍生产流水线畅通的原因，及时地发现生产瓶颈所在。系统通过实时数据归集对每个车间、每个组、每个车位及工人的生产情况进行实时监控，从而可以发现生产环节出现的非正常状态，并及时解决阻碍生产流水的问题，从整体上保障了流水线的畅通，提高生产力。

3. 能够实时监控生产线车工的工作状态

系统能够实时监控生产线工人的状态，通过对员工在每台车位的不同状态的观察，从而实现工厂整体的透明化管理，提高工厂管理的效率。管理企业可以通过匹配有效的绩效考核体系、先进评比等策略方式调动员工的积极性，使整体产量得到提升。系统本身提供观察的状态可以自定义设定，通常有不在位、工作中、闲置、维修中等状态显示，便于管理者及时调配人手和统计有效生产时间。

4. 订单进度实时跟踪，保障及时交货

订单不能及时交货，意味着企业不但不能盈利，反而会亏损，同时也影响企业的信誉度，对企业将来的发展有很大的影响和阻碍。特别是出口企业对于订单的及时交付显得更为重要。系统根据客户订单，从裁剪开始到后续结束整个生产流程进行实时进度跟踪，比如，订单在生产线的进度、整个订单何时开始裁剪、现在已经裁了多少、何时到达车缝工序、在车缝工序部分完成多少、何时达后道工序、后道工序完成多少、最终成品多少。管理者从整个订单的进度入手，更为细节地了解每个订单款式的颜色、尺码的完成数量，从而精确地掌握每个订单的生产进度，达到及时交货的目的。

5. 严格质量管控，降低返修率

质量是生产企业永续经营的基石，也是企业面对客户的品牌保证，其最高目标就是要达到因质量问题造成的退货率为零。在既要抓产量又要抓质量的情况下，企业不得不放弃其中的一项。而在系统严格的质量管理的情况下，把责任追踪到个人身上，把有质量问题的产品是在什么时间做的、什么订单的什么颜色、什么尺码的产品一一记录在案，在提升产量的同时又抓了质量工作，降低了返修率，同时提高了生产力。

6. 快速进行产量和计件薪资的统计

传统的产量统计和工人计件薪资的核算都要耗费大量的人力和时间，数据的滞后性、数据失真都造成了不良后果。然而在系统全面使用后，通过系统来统计工人的产量及计件薪资，可以代替原有的人工统计方式，提高了生产数据的统计效率和数据的准确性。系统可以提供实时的工人真实的产量统计和实时的薪资报表，便于薪资的核算，提高公司生产运营的效率。

7. RFID 裁剪卡全面取代原有的裁剪牌

RFID 裁剪卡全面使用后，可以全部取代传统方式的裁剪牌。查看裁剪卡的流转方式能够清楚地查看到每件衣服的流向以及每件衣服现在所处的具体位置，一旦裁剪卡或者衣服流失，系统会根据裁剪开卡时的数量进行对比，可以查看裁剪卡最后一次出现的具体位置，从而更加严格地对生产过程进行管控，从真正意义上实现精细化生产管理。

（四）JIT

JIT 全称是 Just In Time，就是服装精益生产方式管理系统，中文意为"只在需要的时候，按需要的量生产所需要的产品"。因此，有些管理专家也称此生产方式为 JIT 生产方式、准时制生产方式和适时生产方式。与传统的大批量生产相比，精益生产只需一半的人员、一半的生产场地、一半的投资、一半的生产周期和一半的产品开发时间，就能生产品质更高、品种更多的产品。服装JIT是一种生产管理技术，又是一种管理理念和管理文化，它能够大幅度减少闲置时间、作业切换时间，大幅度地提高工作效率。同时，可以消除库存、消除浪费、保证品质。它是继大批量生产之后，对人类社会和人们生活方式影响巨大的一种生产方式。在实际生产过程中，要提高有价值作业，减少无价值作业，废除无用工。生产技术的改善只是在短期内明显地看到成效，而带来的也只是短暂的成功，而管理技术的改善，则必须让管理层和员工明确JIT生产管理系统的原则，发挥互助精神，积极参与改善工作，循序渐进，分阶段取得成效，空间利用率可以提高20%以上，也就是说，原来可以放置200台缝制设备的车间，按JIT方式，可以放置240台设备。JIT可实现简单款式2小时内出成品，复杂款式5小时内出成品，生产过程中的质量问题可在投产初期得到完全控制。缝制车间不再堆积大量的半成品，后整理车间更没有堆积如山的待整理成品。车间的卫生环境也得到了有效的改观，消除了安全隐患。

（五）数字化营销

成本上涨之后，很多服装企业都在调整自己的渠道分销模式，由原来的一些加盟代理转为直营、在庞大的直营体系中，进货量由谁来确定、库存量怎样安排，如何面对庞大的生产规模、供货系统、专业采购系统和物流分销管理系统，数字化营销在这时候显得尤为重要。当下服装行业竞争相当激烈，同时资讯科技日新月异，现代企业必须拥有特色的营销模式、正确的资讯观念、科学的管理方法、先进的技术手段和畅通的信息渠道，才能在市场经济大潮中立于不败之地。

随着服装竞争速度的加快，很多人都发现，现在商品上市速度越来越快，这是新的管理技术对传统市场营销提出的挑战，因为它有周期概念。所以企业在管理当中会加上生命周期，企业要积极利用一些现代的管理信息技术、网络技术向数字化管理转变，现在很多品牌商认为商品都没有保质期，只要能卖就一直卖下去。但随着企业规模市场发展得越来越大，一个非常微小的偏差就会带来非常大的损失，因为企业没有为自己设计标准。

在现代服装企业营销管理中，主要是依靠信息中心和财务数据，商品管理营销也可以是具体、可执行的方案，有自己的标准而不是用文字描述；商品的企划要满足企业的战略、企业利润，把这些相关信息合并到商品企划当中传递给设计部；设计部结合流行趋势，将品牌特点转化为产品信号；采购人员会结合产品企划，结合营销规划，实施产品订单，让销售进度、物流、调配、促销等全部都在计划当中完成的，数字化管理将是服装企业非常重要的发展方向。

随着全球经济一体化进程的逐步加深，我国服装企业尽快提升信息化水平的需求越来越迫切。服装产品更新换代速度加快及消费者对服装款式多样化、个性化的需求增加，促使服装产品向多品种、少批量和个性定制的生产模式转变。为了适应这一产业变化，服装企业必须借助先进的计算机信息技术，如供应链管理、客户关系管理、电子商务平台等，实现企业内部资源的共享和协同，改进企业经营过程中不合理因素，促使各业务流程无缝对接，从而提升企业管理效率和竞争力。

第三节　数字化服装技术的发展与应用

数字化技术是利用计算机技术将各种信息（如文字、图形、色彩、关系等）以数字形式在计算机中储存和运算，并以不同形式再次显示出来，或用数字形式发送给执行机构等。数字化技术是集计算机图形学、人工智能、并行工程、网络技术、多媒体技术和虚拟现实等技术为一体的。在虚拟的条件下对产品进行构思、设计、制造、测试和评价分析。它的显著特点之一是利用存储在计算机内部的数字化模型来代替实物模型进行仿真、分析，从而提高产品在时间、质量、成本、服务和环境等多目标中的决策水平，与市场形成良好的快速反应机制，提高产品的设计、精度和生产效率，达到全局优化和一次性开发成功的目的。

一、数字化服装技术的发展现状

工业化和信息化技术的进步，促进了服装设计生产技术的发展。数字化时代为数字化技术和艺术提供了无限的发展空间。所谓数字化产品就是以数字化技术为依托的产品。服装是数字化技术和艺术相结合的产品。艺术是科技进步的精神引导，科技进步是艺术持续发展的基础，服装只有将科技与艺术完好地结合才能进步、才能发展。计算机技术与互联网的普及在服装行业得到广泛应用，各种电脑控制的缝制系统、裁剪系统、自动吊挂系统，以及服装 CAD、服装计划排产 AOS 等软件系统，使服装生产开始步入数字化和信息化时代。

应用于服装行业的数字化技术，按其基本特征可以分成三维测量成像技术、三维模拟与二维对应技术、图案色彩分解组合技术、平面图形处理技术、工业数据管理技术、执行机构操作流程控制技术，以及网络信息传递技术等。三维人体测量涉及三维成像技术；制版、放码与排料 CAD 系统涉及平面图形处理技术；面料 CAD 系统、印花 CAD 系统和款式 CAD 系统不但涉及色彩处理技术，同时还与平面图形处理技术有关；切割裁剪 CAM 系统、缝纫吊挂 CAM 系统和整烫 CAM 系统涉及执行机构操作流程控制技术；生产经营销售管理系统涉及工业数据管理技术与网络信息传递技术等。可见数字化技术可应用于服装行业的信息采集和传递、产品设计、生产、营销等各个环节。

最早实现数字化技术的是服装计算机辅助设计，其应用开始于 20 世纪六七十年代。国外的服装 CAD 系统有美国格柏、法国力克、加拿大派特、德国艾斯特、西班牙艾维、日本旭化成等。自 2000 年以来，国内的服装 CAD 技术发展迅猛，相继出现了不少服装 CAD 系统，如富怡、布易、航天、日升天辰、丝绸之路、爱科、至尊宝纺等。到目前为止我国服装行业 CAD 应用普及率在 15% 左右，并且各大系统正朝着智能化、三维化和快速反应的方向发展，数字化服装技术的研究应用范围也在不断向 ERP、PLM 等方面进行研制开发和应用研究。从而最终实现服装的三维展示和虚拟试衣功能。

二、数字化服装技术的应用

（一）虚拟服装设计

虚拟服装展示设计改变了传统服装设计方法，利用计算机技术和交互技术可以实现服装面料和服饰的三维数字化设计和互动展示。虚拟服装设计使用 3D 虚拟交互技术，可以模拟样衣的制作过程和模特的试衣效果，设计师利用构建的面料库可以设计各种款式服装，并实时浏览模特的着装效果，从而大幅缩短了成衣的生产周期和设计成本。由于面料结构的复杂性，以及诸多外力的影响，使面料的三维真实感模拟变得十分复杂，另外在虚拟环境中保持面料材质的真实感也对展示系统的设计和实现提出了更高要求。

（二）虚拟现实技术

虚拟现实技术（VR）又称"灵境技术"，最早是由美国人兰尼尔提出的。他是这样定义的："用计算机技术生成一个逼真的三维视觉、听觉、触觉或嗅觉的感官世界，让用户可以从自己的视点出发，利用技能和某些设备对这一虚拟世界客体进行浏览和交互考察。"虚拟现实技术是在 20 世纪 90 年代被科学界和工程界所关注的技术。它的兴起，为人机交互界面的发展开创了新的研究领域；为智能工程的应用提供了新的界面工具；为各类工程的大规模数据可视化提供了新的描述方法。这种技术的特点在于计算机产生一种人为的虚拟的环境，这种虚拟的环境是通过计算机图形构成的三维空间，是把其他现实环境编制到计算机中去产生逼真的"虚拟环境"，从而使用户在视觉上产生一种真实环境的感觉。这种技术的应用，改进了人们利用计算机进行多工程数据处理的方式，尤其对大量抽象数据进行处理；同时，它的应用可以带来巨大的经济效益。

虚拟现实是计算机模拟的三维环境，是一种可以创建和体验虚拟世界的计算机系统。虚拟环境是由计算机生成的，它通过人的视觉、听觉、触觉等作用于用户，使之产生身临其境的感觉。它是一门涉及计算机、图像处理与模式识别、语音和音响处理、人工智能技术、传感与测量、仿真、微电子等的综合集成技术。用户可以通过计算机进入这个环境并能操纵系统中的对象与之交互。

虚拟现实技术包含以下几个方面的特点。

1. 多感知性

虚拟现实技术除了一般计算机技术所具有的视觉感知之外，还有听觉感知、力觉感知、触觉感知和运动感知，甚至包括味觉感知、嗅觉感知等。理想的虚拟现实技术应该具有一切人所具有的感知功能。由于相关技术，特别是传感技术的限制，目前虚拟现实技术所具有的感知功能仅限于视觉、听觉、触觉、运动等几种。

2. 浸没感

计算机产生一种人为虚拟的环境，这种虚拟的环境是通过计算机图形构成的三维数字模型，编制到计算机中去产生逼真的"虚拟环境"，从而使得用户在视觉上产生沉浸于虚拟环境的感觉。

3. 交互性

虚拟现实与通常 CAD 系统所产生的模型及传统的三维动画是不一样的，它不是一个静态的世界，而是一个开放、互动的环境。虚拟现实环境可以通过控制与监视装置影响使用者或被使用者。

4. 想象性

虚拟现实不仅是一个演示媒体，而且还是一个设计工具。它以视觉形式反映了设计者的思想，把设计构思变成看得见的虚拟物体和环境，使以往只能借助图纸、沙盘的设计模式提升到数字化的所看即所得的完美境界，大幅提高了设计和规划的质量与效率。

美国是 VR 技术的发源地，其 VR 的水平代表着国际 VR 发展的水平。

目前美国在该领域的基础研究主要集中在感知、用户界面、后台软件和硬件四个方面。在当前实用虚拟现实技术的研究与开发中，日本是居于领先水平的国家之一，其主要致力于建立大规模 VR 知识库的研究，另外在研究虚拟现实的游戏方面也做了很多工作。

在英国的 VR 开发中，特别是在分布并行处理、辅助设备（包括触觉反馈）设计和应用研究方面是领先的。到 1991 年底，英国已有从事 VR 的六个主要中心。

与一些发达国家相比，我国 VR 技术还有一定的差距，但已经引起政府有关部门和科学家们的高度重视。我国根据国情，制定了开展 VR 技术研究的相关计划，例如，"九五"规划、国家自然科学基金会、国家高技术研究发展计划等都把 VR 列入了研究项目。北京航空航天大学计算机系是国内最早进行 VR 研究的单位之一，他们首先进行了一些基础知识方面的研究，并着重研究了虚拟环境中物体物理特性的表示与处理；他们在虚拟现实的视觉接口方面开发出了部分硬件，并提出了有关算法及实现方法。实现了分布式虚拟环境网络设计。他们还建立了网上虚拟现实研究论坛，以及三维动态数据库，为飞行员训练的虚拟现实系统，以及开发虚拟现实应用系统提供虚拟现实演示环境的开发平台，并将实现与有关单位的远程连接。浙江大学 CAD&CG 国家重点实验室开发出了一套桌面型虚拟建筑环境实时漫游系统，该系统采用了层面叠加的绘制技术和预消隐技术，实现了立体视觉，同时还提供了方便的交互工具，使整个系统的实时性和画面的真实感都达到了较高的水平。四川大学计算机学院开发了一套基于 OpenGL 的三维图形引擎 Object 3D，该系统实现了在微机上使用 Visual C++ 5.0 语言，其主要特征是：采用面向对象机制与建模工具（如 3D MAX）相结合，对用户屏蔽一些底层图形操作；支持常用三维图形显示技术，如 LOD 等，支持动态剪裁技术，保持高效率。哈尔滨工业大学计算机系已成功地虚拟出了人的高级行为中特定人脸图像的合成、表情的合成和唇动的合成等技术问题，并正在研究人说话时头势和手势动作、话音和语调的向步等。

（三）虚拟服装设计

虚拟服装设计是虚拟真实模拟，是计算机电子技术对面料仿真利用，是服装设计师及计算机电子技术和动画技术最理想的结合。虚拟服装设计被广泛用于三维时装设计及服装工业、三维电影、电视、计算机广告特级制作等领域。美国已出现了很多虚拟服装设计网站，一方面利用网络进行在线设计，即让顾客与设计师共同利用三维人体模型进行三维服装设计，并进行 3D-2D 衣片展开，缝合后穿戴在三维人体模型上。通过选择和设置面料的物理机械性能参数（重力、风速及人体的运动特征），设计师可以交互式地进行服装运动模拟和仿真。通过观察三维服装的运动模拟和仿真效果，设计师便可以直观地观察到服装设计的效果和材料及图案的选择。如果对设计结果不满意，可马上在二维或三维空间对衣片形状和材料进行修改来改善其效果。从某种程度上它也能显示面料垂悬感和机械性能，同时让顾客看到其穿着效果，得出尽善尽美的设计和艺术创作，满意后可立即购买。

目前，虚拟服装设计主要应用于网上试衣间。通过网站终端，利用上述的三维技术，消费者只要将自己身体的必要数据（如身高、胸围、腰围、臀围、年龄和所选服装类型等信息）输入网站，网站根据人体体型分类方法计算出顾客的形体特征后，试穿上顾客所选款式。这样顾客就能在自己的终端看到服装穿着的静态效果和动态效果，可以任意选择最适合、最满意的服装产品。

（四）三维人体测量技术

人体测量是通过测量人体各部位尺寸来确定个体之间和群体之间在人体尺寸上的差别，用以研究人的形态特征，从而为产品设计、人体工程、人类学、医学等领域的研究提供人体体型资料。在服装行业中，作为服装人体工学重要分支，人体测量是十分重要的基础性工作。

首先，人体测量为服装的合体性提供了基础数据支持，这些数据将支持我国大规模人体数据库的建立，为服装号型标准的制定提供依据。

其次，人体测量为服装功能性研究提供依据。例如，服装对人体体表的压迫度、伴随运动产生的体型变化及皮肤的伸缩等方面的研究，会直接影响人体着装舒适性，因此必须依赖于精确的人体尺寸数据。

传统的人体测量使用软尺、人体测高仪、角度计、测距计及手动操作的连杆式三维数字化仪等作为主要测量工具，依据测量基准对人体进行接触测量，可以直接获得较细致的人体数据，因此在服装业中长期使用。但这些方法都属于接触式测量，在被测者的舒适性与测量的精确度方面还存在许多问题。例如，异性接触测量、疲劳测量给测量工作造成影响；人体是弹性活体，传统的手工接触式测量很难获得真实准确的数据，且测量时容易受被测者和测量者的主观影响而造成误差。同时，人体表面具有复杂的形状，传统的测量方法无法进行更深入的研究，亦不利于计算机对人体的三维模拟，从而也对人体测量的信息化产生了影响。此外，现有手工测量人体尺寸的方式也无法快速准确地进行大量人体的测量，这不仅阻碍了服装工业的顺利发展和成衣率的提高，也不利于快速准确地制定服装号型标准。

纵观当前世界服装业的发展，服装结构从平面裁剪向立体裁剪转向，设计由二维向三维发展，定制服装的发展已成为世界服装业发展的重要趋势，服装设计的立体化、个性化和时装化成为当今的潮流，合身裁剪的概念已成为新一代服装供应的指导性策略。服装业要增强自身竞争力，必须走向合身裁剪，由此准确、快速的三维人体测量就显得尤为重要。

1. 三维人体测量的主要方法

近 20 年来，美国、英国、德国、法国和日本等服装业发达的国家都相继研制了一系列的测量系统。其中有代表性的有以下几个。

① 英国的拉夫堡大学的人体影子扫描仪（LASS），是以三角测量学为基础的电脑自动化三维测量系统。被测者站在一个可旋转 360°的平台上。背景光源穿过轴心的垂直面射到人体上，用一组摄像机同时对人体进行摄影，

通过人体表面光线的横切面形状及大小转化的曲线计算人体模型。

②法国的 SYMCAD、Turbo Flash/3D 是 Telmat 的三维人体扫描系统，该扫描系统由一个小的用光照亮墙壁的封闭房间、一个摄像机和一个计算机组成。被测对象进入房间后脱去衣服，只穿内衣站立在照亮的墙壁前。系统拍摄下被测对象的三个不同姿势：手臂稍微地离开身体面向摄像机、侧向摄像机笔直站立和面向墙壁。在形成的图像上进行扫描、计算后，系统能产生 70 个精确的人体尺寸。该系统测量数据可以和服装 CAD 系统结合使用。

③美国纺织服装技术公司的白光相位测量法（PMP），利用白光光源投射的正弦曲线影像合并而得到全面人体三维形态。它使用相位测量面技术，生产了一系列扫描仪，如 2T4、2T4S 等。每个系统使用 6 个静止的表面传感器。单个传感器捕获人体表面片段范围的信号，扫描时间不足 6 s。当所有的传感器组合起来，形成一个可用于服装生产的身体关键性区域的混合表面。每个传感器和每个光栅获得四幅图像。PMP 方法的过渡产物是所有 6 个视图的数据云。这种信息可用于计算 3D 身体尺寸，最后可获得带有身体图像和测量结果的打印报表。它采用白光光源，对人体没有任何伤害。

④Triform Body Scanner 是英国 Wicks & Wilson 公司的非接触三维图像捕捉系统，它是利用卤素灯泡作为光源的白光扫描系统。被测者根据自己意愿穿着薄型合体服装或者内衣，然后一系列的带波纹的白光束投射到人体上，摄像机捕捉多个人体图像。并将其转化为三维的有色点阵云，看起来像物体的照片。

⑤美国的 Hamamatsu 人体线性扫描系统（BL）使用红外发射二极管得到扫描数据。这一系统利用较少的标记便可以提取三维人体数据，而且错漏的数据较少。光源从发射镜头以脉冲的形式产生，由物体反射后，最后被探测器镜头收集。探测器镜头是圆柱形镜头和球形透镜的组合，能在位敏探测器（PSD）上产生一片光柱，用于确定大量像素的中心位置，人体尺寸由一个特殊的尺寸装置从三维点云中析取。

⑥ 美国 Cyber ware 全身彩色 3D 扫描仪主要由 DigiSize 软件系统（Models WB4 & Model WBX）构成。它能够测量、排列、分析、存储和管理扫描数据。扫描时间只需几秒到十几秒，整个扫描参数的设置及扫描过程全部由软件控制。这种方法将一束光从激光二极管发射到被扫描体表面，然后使用一个镜面组合从两个位置同时取景。从一个角度取景时，激光条纹因物体的形状而产生形变，传感器记录这些形变，产生人体的数字图像。当扫描头沿着扫描高度空间上下移动时，定位在四个扫描头内的照相机记录人体表面信息。最后将每个扫描头得到的分离数据文件在软件中合并，产生一个全方位的 RGB 彩色人体图像。即可用三角测量法得到相关数据。

⑦ TecMath 是一家以德国为基地的科研公司，致力于人体模拟、数字化媒体的研究。它开发了一个全自动非接触式的测量运算方法来获取人体测量数据，这种三维人体扫描机是便携式的，可以摄取人体的不同姿势，特制摄像机则放在四支二极管激光绕射光源前面，准确度是 1 cm 之内。经电脑检测的数据也可输送到电脑辅助设计系统，用于合身纸样的自动生成。

⑧ VOXELAN 是 Hamano 的一种用安全激光扫描人体的非接触式光学三维扫描系统。它最初由日本的 NKK 研制，1990 年由 Hamano 工程有限公司转接。还有 VOXELAN：HEV1800HSV 用于全身人体测量；VOXELAN：HEC 300DS 用于表面描述；VOXELAN：HEV50S 用于测量缩量；它们可以提供非常精确的信息，分辨率范围从相对于全身的 0.8 mm 到对相对缩量的 0.02 mm。

⑨ 法国的 Lectra 公司专为服装行业研制开发的 Vitus Smart 三维人体扫描仪，由四个柱子的模块系统组成，每个柱子上有 2 个 CCD 照相机和 1 个激光器。扫描时，人体以正常的向上姿势站立，系统捕捉人体表面，并在电脑内产生一个高度精确的三维图像，被称为被扫描人的"数码双胞胎"。根据所需的解决方案，扫描可以在 8～20 s 内调整完成。

⑩ 采用固定光源技术的 CubiCam 人体三维扫描系统是由香港理工大学纺织与制衣学系研制的。其运用大范围的光学设计能够在较短距离内获取高

分辨率的图像。这种扫描系统在普通室内光源环境下就能进行操作，所以特别适合于服装行业。特别是其获取图像的时间不足 1 s，因此它又特别适合于扫描人体尤其是孩子。和其他光学方法所具有的局限性一样，它需要一种白色的光滑表面来进行人体自动测量。

以上这些系统大多基于三维人体扫描技术，其工作原理都是以非接触的光学测量为基础，使用视觉设备来捕获人体外形，然后通过系统软件来提取扫描数据。其工作流程分为以下四个步骤。

① 通过机械运动的光源照射来扫描物体。

② CCD 摄像头探测来自扫描物体的反射图像。

③ 通过反射图像计算人与摄像头的距离。

④ 通过软件系统转换距离数据产生三维图像。

为了使人体测量数据捕捉过程可视化，其系统需要多个光源和视觉捕获设备、软件系统、计算机系统和监视屏幕等，有的还需要暗室操作，因此由这些方法研制的量体系统往往结构复杂、体积庞大、成本较高、安装复杂且占用空间大，故只在很少地方使用。

我国在 20 世纪 80 年代中后期在一些高等院校和研究所进行这方面的研究，主要有总后军需装备研究所和北京服装学院共同研制的人体尺寸测量系统，西安交通大学激光与红外应用研究所的光电人体尺寸测量及服装设计系统，长庚大学和台湾清华大学等院校和企业联合进行的非接触式人体测量技术和台湾人体数据库的研究，天津工业大学研制的便携式非接触式量体系统等。但这些系统存在结构庞大复杂、数据采集与计算量很大、标定过程烦琐等缺点，同时操作不便、成本较高和准确性差使这些系统在商业化推广中受到严重限制。

2. 三维人体测量技术的应用

（1）大规模人体体型普查

使用传统的测量方法进行人体体型普查，其效率较低，同时由于传统测量方法各方面的弊端，使测量精度较低，进而影响统计分析结果的可靠性。

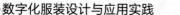

采用计算机辅助测量系统，可准确、快捷地获取人体各结构部位的尺寸。

（2）量身定制服装

包括单件定制和批量定制，正是由于计算机辅助人体测量技术的出现，才使得量身定制尤其是大批量定制服装成为可能。

（3）电脑试衣

大型服装商场配置一台测量系统，可进行电脑试衣，避免顾客反复试衣、反复挑选服装的麻烦。即通过人体测量系统迅速测量出顾客的尺寸数据。确定顾客所穿服装的尺寸规格，同时建立顾客的三维模型，在电脑中进行服装试穿，直到顾客满意为止。

（4）三维服装CAD的基础

目前二维服装CAD技术相对成熟，而三维服装CAD技术正在研制开发中。其中三维人体测量技术是三维服装CAD技术的研究基础上。

3. 发展三维人体测量的重要意义

（1）提高了人体测量的精准性

服装合体性包括人体长、宽、厚的三维合体性，例如，工业和教学用的人台就是通过对大量人体的观察、计测、体型分类和比例推算而得。不同的人体体型存在很大的差异。以成年女性为例，即使在胸围、腰围、臀围等基本尺寸相同的条件下，也可能会有完全不同的体型，例如，在人体姿态、脊背曲线、臀位高低、胸部形状、腿型等方面都会有差异。传统的接触式测量无法识别人体体态变化，如曲线、线条的形状走势等，因此无法满足服装生产的合体要求。而非接触测量在这一点上占据优势，它可以通过扫描图像识别，得到人体表面的三维空间数据，满足上述要求。

（2）更适应现代化服装工业发展的步伐

当今，对于服装和纺织行业来说，计算机辅助设计（CAD）和计算机辅助生产（CAM）这两个术语已成为变革的代名词。20世纪70年代以来，计算机技术在改进生产流程方面发挥了重要作用。近年来，服装行业利用CAD/CAM技术，又在探索产品设计与展示的新方法。当今服装市场对品种、质量及款式方面要求越来越高，为此每个服装企业都力求对这一市场需求做出快速的反应，而 Internet、PDM、网络数据库、电子商务等新技术的飞速发展将改变现有服装设计生产以及运营模式，使实现快速服装个性化定制成为可能。

最初的量身订制源自"Custom-Made"，也称手缝制服，在保证了服装的合体性和舒适性的前提下，也满足了消费者的个性化要求，但是消费群体始终是小部分人群。而工业化度身定制系统（MTM）能够弥补这方面的空缺，将服装产品重组以及服装生产过程重组转化为批量生产，有机地结合了"Custom-Made"的适体与"Ready-to-Wear"低成本的优势。其具体生产方式是由三维人体测量获得个体三维尺寸，通过电子订单传输到生产部 CAD 系统，自动生成样板，进入裁床形成衣片，最终进入吊挂缝制生产系统的快速反应生产方式。对客户而言，所得到的服装是定制的、个性化的；对生产厂家而言，是采用批量生产方式制造成熟产品。因此，MTM 生产方式解决了成衣个性化与加工工艺工业化的矛盾，成为最适应时代发展的服装业运行新模式。MTM 生产以高效生产、营销和服务为手段追求最低生产成本，用足够多的变化和定制化实现用户个性化，最终使企业快速、柔性地实现企业供应链间的竞争。

（3）在服装设计、生产与销售等各个环节的潜力

在服装设计方面，三维服装 CAD 根据人体测量数据模拟出人体，在虚拟人台或人体模型基础之上，进行交互式立体设计，结合人模用线勾勒出服装的外形和结构线并填充面料，使服装设计更直观、更切合主题。同时，三维服装 CAD 可虚拟展示着装状态，模拟不同材质的面料的性能（悬垂效果等），实现虚拟的购物试穿过程。

在服装结构设计与生产方面，首先由自动人体测量系统获得的客户精确的尺码数据，通过网络传输到服装 CAD 系统，系统再根据相应的尺码数据和客户对服装款式的选择，在样板库中找到相应的匹配的样板最终进行系统的快速生产。例如，德国 TechMath 公司 FitNet 软件系统从获取数据到衣片

完成、输出最短仅需 8 s。

在服装展示方面，应用模型动画模拟时装发布会进行网上时装表演，减少了表演费用。时装发布会的网络传输，使得更多的人能够观赏，对于传播时尚信息也有非常重要的作用。

三维人体测量弥补了传统手工人体测量的不足，为三维服装 CAD 技术——从三维人体建模、三维服装设计、三维裁剪缝合到三维服装虚拟展示的全过程提供基础数据支持。

（五）计算机辅助服装设计

服装 CAD 是在计算机应用基础上发展起来的一项高新技术。传统服装设计为手工操作，效率低、重复量大，而 CAD 借助于电脑的高速计算及储存量大等优点，大幅度提高设计效率。据有关的数据统计和企业的应用调查显示，使用服装 CAD 比手工操作效率提高 20 倍。

1. CAD 系统原理

服装 CAD 即计算机辅助服装设计，是计算机在服装行业上应用的一个重要方面，也是利用计算机的软、硬件技术对服装产品、服装工艺，按照服装设计的基本要求，进行输入、设计及输出等的一项专门技术，是集计算机图形学、数据库、网络通信等计算机及其他领域知识于一体的一项综合性的高新技术。它被人们称为艺术和计算机科学交叉的边缘学科。服装 CAD 系统由软件和硬件两部分组成。

软件系统包括以下几个子系统。

① 设计系统：服装款式设计、服装面料设计、服装色彩搭配、服饰配件设计等。

② 出样系统：运用结构设计原理在电脑上出纸样。

③ 放码系统：运用放码原理在电脑上放码。

④ 排料系统：确定门幅，设置好排料方案在电脑上进行自动或半自动排料。

硬件系统包括以下几个子系统。

① 计算机：对主机的配置要求不是很高，一般配置就可以。

② 显示器：这是人机对话的主要工具。

③ 数字化仪：把手工做好的纸样通过数字化仪输入到电脑中去。数字化仪是将图形的连续模拟量转换为离散的数字量的装置，是在专业应用领域中一种用途非常广泛的图形输入设备。它是由电磁感应板、游标和相应的电子电路组成，能将各种图形，根据坐标值，准确地输入电脑，并通过屏幕显示出来。

④ 绘图仪：图形输出设备，把做好的纸样、放好码的纸样或者排料图，按照比例需要绘制出来，供裁剪工序使用。

⑤ 自动切割机：把做好的纸样按照需要的比例用硬纸板自动切割出来。

⑥ 打印机：把设计好的款式效果图或者缩小比例的纸样图、放码图和排料图打印出来。

2. 服装 CAD 系统发展现状

（1）服装 CAD 的应用现状

服装 CAD 是于 20 世纪 60 年代初在美国发展起来的，目前美国的服装 CAD 普及率已达到 90% 以上。据不完全统计，日本有近 6 000 家服装企业使用服装 CAD，普及率已达 80%，西欧为 70%。我国的服装 CAD 技术起步较晚，但发展的速度很快。目前国内开发的 CAD 软件已与国外的技术水平持平，某些方面甚至超过了国外的技术水平。在普及方面，由于国内的软件成本低于国外的，所以推广的速度很快。近年有些企业抱着开放的态度，研发的 CAD 软件可在网上免费下载并且配有教学视频。

要想赢得并占领市场，其核心是"速度"，而服装 CAD 则是快速环节中最不可或缺、可以先行的一个主要技术单元。服装 CAD 的运用可以切实改善企业生产环境，提高企业的竞争实力，最终提高生产效率，增加效益。发达国家服装企业运用服装 CAD 后，从面料采购到成衣销售的平均流程时间已降至 2 周，美国最快的仅需 4 天。产品设计与制作周期的缩短，使生产效率基本上达到传统的 3 倍。

（2）国内外主要服装 CAD 系统简介

国外主要的服装 CAD 系统如表 2-1 所示。

表 2-1　国外主要服装 CAD 系统

名称	国家	基本功能
格博 （Gerber）	美国	应用 AccuMark 系统，快速实现制版、放码和排料。系统提供一系列基本样板，根据设计需要来调用和修改基本样板，也可以选择在屏幕上重新生成样板。系统可以根据客户自己的放缩规则来进行相应的设定，从而实现精确的样板放缩操作。系统还包括了一个包含各种标准放缩样板的数据库，让用户可以十分便捷地完成定制
力克 （Lectra）	法国	运用平面图打版概念，以工作层的方式进行裁片设计。建立一件服装相关联裁片间的联结，即当一个裁片修改后，相关联的裁片会自动做相应的变更。可预先储存的规则或参考已有放缩规则进行新样板的制作、修改或复制放缩规则。排料系统可处理不同布料（素面、格子和印花），满足不同铺面方式，直接在排料图建立成衣档案，直接联系 OptiplanII 裁剪大师制订裁剪计划
派特 （PAD）	加拿大	PAD 可直接方便地利用已有式样和样片制作新服装，独特的纸样草图和可拆开的样片，简便易懂的纸样修改工具，能同时修改所有的样片。用彩色标出所有型号放码，30 s 内快速建立新排料，同时显示样片输入电脑、放码和排料视窗。任何变动不影响自动放码，即依据成衣尺寸放码自动加缝份、刀眼和放缩样片。快速和及时地自动排料，同时显示纸样和自动排料视窗，无限制的同时自动排料目录
艾斯特 （Assyst）	德国	Assyst 系统能自动检测样板、自动复合校对样板、模拟样衣试缝、自动生成粘合衬等；提供 7 种放码方式，满足不同款式的自动放码；自动排料模式，自动生成辅料哚架，确定裁剪路径，节省面料，为自动化裁剪做准备
旭化成 （AGMS）	日本	AGMS 制版功能中配备有自动执行进一步展开步骤的宏功能，系统除了自带有 5 种常用的曲线尺外，并允许设计者添加曲线库，同时配有多种高精确度的度量工具，这对于高级成衣制版非常有利。AGMS 主要采用文字式的放码方式，可以保证曲线的精度和形状，最适合女装、西装、礼服等。AGMS NESTER 系统可在短时间内（1～99 min）获得利用率高的排料图，可以在无人操作的情况下工作，还可以在夜间独立工作
艾维 （Investronica）	西班牙	可以自由起版，提供丰富打样工具，可快速绘制各种要求的线段、曲线。具有随时更改放码基准点功能和随时更改纸样布纹方向及增加辅助点功能。排料系统具有独有的排料图永不叠片功能。数据资料采用 Microsoft SQL 数据库进行统一管理，支持国际通用 CAD 文件格式转换

国内主要的服装 CAD 系统如表 2-2 所示。

表 2-2　国内主要服装 CAD 系统

名称	企业	基本功能
航天（Arisa）	航天工业总公司 710 研究所	Arisa 系统打板系统集自由打版和公式打版于一身，特有的自动修改功能使修版时只要输入数据，相关的各部位线条即自动调整到合适状态。放码系统以其放量精准、曲线圆顺度和保型性精良而著称，任意多个码号均不变形。排料系统以其高精度的算法和快捷的操作方式而大幅提高工作效率，且用布率亦得到提升
布易（ET）	布易科技有限公司	ET 提供从要素设计到裁片设计全程支持的设计工具，可以轻松完成省道、褶、转省、圆顺和展开等各种复杂工艺设计，具有高度的智能化，并全程自动维护。可提供点规则放码、切开线放码和混合放码等多种放码手段，还提供多种智能化的推版处理技术，使推版的效率大幅度地提高。人工智能排料无疑是最实用、最优秀的。ET 提供了最稳定、最优化的压片和滑片排料模式
日升天辰（NAC）	北京日升天辰电子有限公司	日升系统的曲线设计功能强大，可以自由任意地切取、剪断和延伸而不改变形状，亦能加点、减点作任意拼合、变形、相似、放缩等处理，并能准确地测量。可以自行设计常用曲线库（如袖窿曲线、领曲线等），并将完美无缺的曲线入库，随时调用。独特的切开线推版方式，可通过三种类型的切开线对片的各个部位进行缩放，适合于各种款式的服装放码。提供多种排料方式，为用户完成最佳排料提供了坚实的保证
富怡（Rich Peace）	深圳盈瑞恒科技有限公司	可以在计算机上出版、放码，也能将手工纸样通过数码相机或数字化仪读入计算机，之后再进行改版、放码、排版和绘图，也能读入手工放好码的纸样，提供公式法和自由设计等三种开样模式，快速绘制各种要求的直线、曲线。系统提供了多种放码方式，如点放码、规则放码、线放码和衣量放码，快速实现纸样放缩。纸样设计模块、放码模块产生的款式文件可直接导入排料模块中的待排工作区内，对不同款式、号型可任意混装、套排，同时可设定各纸样的数量、属性等，提供手动式、全自动式和人机交互式三种排料方式
爱科（Echo）	杭州爱科电脑技术有限公司	可以自由起板，提供丰富打样工具，并快速绘制各种要求的线段、曲线。同时具有随时更改放码基准点功能和更改纸样布纹方向及增加辅助点的功能。排料系统独有的排料图永不叠片功能。数据资料采用 Microsoft SQL 数据库进行统一管理，支持国际通用 CAD 文件格式转换
丝绸之路（SILKROAD）	北京丝绸之路服装 CAD 有限公司	系统工具均以形象图表示，多种方式的版型编辑：操作随心所欲的点线集合制图、高智能化的自动结构设计、完全高效的数据库导入法。多种放码方式加以多重纠错保障手段，高效实现样板推挡。采用系统自动排料、手工排料及人机交互排料，精确控制裁片重叠、间隔、旋转、分割、替换、复制等最大限度地节约用料、估料，自动显示排片信息、排料报表等，保证排料的准确
时高（SIGAO）	浙江纺织服装科技有限公司	提供参数化打版和非参数化打版两种方式，打版系统里设计的衣片可转换到工艺系统里与工艺结构图或款式结合，生成裁剪图、款式图和尺寸表三位一体的文件。把一些放码点的放码规则存放在一个规则库内，用户可以根据自己的习惯选用及修改，也可以按库内规则自动放码。系统有全自动排料和计算机辅助排料，其中全自动排料用于估料，辅助排料用于落料生产

名称	企业	基本功能
突破 （TUPO）	上海突破计算机科技有限公司	独有的软件数据格式，智能换算、联动修改造型和尺寸，适用于企业运用模型概念制版，相近款式或者同类系列款式，只要修改另存为新版。多种排料方式，用布成本低，显示用布率、用料长度，可对排料衣片作旋转、翻转、分割等处理，最大限度的合理排料
至尊宝纺 （MODASOFT）	北京六合生科技发展有限公司	提供用户以数字化的方式快速读入纸样，读入后的裁片，可直接进行放码、排料。3 种坐标输入方式，10 种点捕捉方式，近 30 种点、线绘图工具，独有的样片取出功能，采用智能模糊技术。4 种放码方式，以净边放码，符合服装放码的原理。采用最新的模糊智能技术，结合专家排料经验，大大改进用料率。所有排料数据可被 MODA SOFT 服装 MIS 管理系统直接调用

（3）我国普及服装 CAD 存在的障碍

通过调查统计，已引进服装 CAD 的企业约三分之二从购买起就一直使用，三分之一处于闲置状态。在一直使用 CAD 的企业中，尚有一半的企业不能完全利用其功能。服装 CAD 为利用的较好的企业带来了巨大的经济效益。据有关资料介绍，日本数据协会对近百家 CAD 用户的有关应用效益的调查表明：90%的用户改善了设计精度；78%的用户减少了设计、加工过程中的差错；76%的用户缩短了产品开发周期；75%的用户提高了生产效率；70%的用户降低了生产成本。但在我国，由于种种原因使有些企业的 CAD 处于闲置，不能创造出经济效益，因此我国服装 CAD 普及的现状是不容乐观的，且 CAD 普及过程中存在的障碍也是多方面的。

1）心理障碍

购买服装 CAD 的企业，许多是未经技术论证而盲目购置的，这使购进的系统无益于企业自身生产，造成不能完全利用其功能，有的甚至闲置不用，从而造成其心理上的障碍，致使部分服装企业主对这项先进技术有很大的抵触情绪。同时这种抵触情绪又会使其他准备引进 CAD 的企业心存芥蒂，抱有一种观望态度，不敢贸然投资，从而造成服装 CAD 普及过程中的恶性循环。

2）企业对服装 CAD 性能了解不够

目前中国服装 CAD 市场上的国内、国外厂商很多，都看好中国市场。但是，有些服装 CAD 开发商、经销商和代理商缺乏行业自律，在销售过程中互相诋毁，对竞争对手的诋毁大于对自身的宣传，致使服装企业对 CAD 的性能不够了解，从而丢失很大的市场。

（4）我国普及推广服装 CAD 的策略

服装 CAD 的在我国服装企业中的普及与应用是一项系统工程，需要开发商、经销商和使用者（服装企业）三方的共同努力。首先，开发商、经销商应从以下方面开展工作。

1）国产 CAD 软件的稳定性、专业化程度需要提高

国产服装 CAD 软件价格普遍比国外软件有一定优势，但在稳定性、兼容性等方面稍显不足。由于国内企业开发 CAD 起步较晚，在软件开发上更注重打版系统的开发，而对放码、排料及款式设计系统的开发力量投入不足。同时，国内服装 CAD 软件开发商多为电脑技术公司，企业内部服装专业人才欠缺，致使软件的专业化程度不高。因此，服装 CAD 开发企业应积极引进服装专业技术人才，走软件开发人才与服装专业人才相结合的道路。

2）国外 CAD 软件需要适当调低价格

由于国外率先进入服装 CAD 领域且目前他们仍然处于领先地位。所以国外软件价格偏高是可以理解的，但是国外软件的价格普遍超过了国内服装企业的接受范围，所以影响了这些软件的使用和推广。因此国外软件若想在我国服装业占领更大的市场，多数的服装 CAD 软件需要适当调整价格，以便使更多的用户可以购买这些产品，进而推动服装 CAD 的普及与应用。

3）服装 CAD 应积极走进教学场所

服装 CAD 软件作为服装行业的先进工具早已引起了服装类院校的重视。许多院校都开设了服装 CAD 这门课程。服装 CAD 教学，一方面加大了软件的宣传力度，另一方面培养了大批的潜在用户。这是值得每个服装 CAD 开发商争取的商业契机。所以服装 CAD 开发商、经销商应积极支持服装院

校的 CAD 教学，为自己做产品宣传，同时也为自己培养更多的潜在用户。

4）服装 CAD 的售后服务需要加强

售前清楚、准确、真实地解答客户对产品的咨询，让客户能够针对自己的需求去购买称心如意的产品。售后能够确保用户良好使用，及时解决用户在使用过程中出现的疑难问题，采纳用户的合理化建议，进一步改进产品。针对不同的服务对象，采用售前培训、售后培训、开设培训班或使用网络培训、函授培训等方式，切实提高售后服务质量。

其次，服装企业也应从以下方面着力推进服装 CAD 的普及应用。

① 实事求是，结合企业自身情况，克服盲目性。服装企业尤其是中小型服装企业在引进服装 CAD 时，必须根据自身情况，重视 CAD 的应用。切忌盲目购置。如生产加工型服装企业，引进 CAD 主要缩短产品生产周期，提高生产效率，对软件精度要求较高，以引进国外软件和配套硬件（输出设备、自动裁床等）较适宜；而从事外贸经营的服装企业，引进 CAD 主要是进行面料利用率的计算，核算成本，以引进国产软件较为适宜。

② 技术论证应从必要性和可行性两个方面进行。服装企业在引进服装 CAD 时，应根据企业自身实际能力，对是否有必要引进，以及是否有能力消化这项技术做好充分的调研和论证。服装 CAD 虽有诸多方面的优越性，但并非每个服装企业都必须引进的；有些服装企业虽有必要引进，但其生产能力、技术力量和经营状况没有达到引进 CAD 的技术要求。

3. 服装 CAD 系统在板房中的应用

板房是服装企业的重要技术部门之一，它既要对上游的设计部门负责，制作出与设计师的设计完全一致的样衣，又要对下游的生产部门负责，制作出批量生产中号型齐全的服装工业样板。一般来说，板房的基本职责包含两大部分：制版和车版，即完成纸样绘制和样品制作。根据企业实际情况往往分为头板（初板、开发板）、二板（头板的修改板）、大板（经过头板和二板修改后的正确样板）、产前板（大货生产前的确认板）、跳码板（大货产前的齐码或者选码板）和大货板（用于大货生产的样板），比较重要的是头板、

二板、大板和大货板。

传统的服装企业板房的工作强度大、信息化程度较低，需要打板师手工打版、车缝样品、放码等。由于在大货生产前要多次修版，各个部门间需要信息共享，所以板房数字化和信息化建设势在必行。随着服装 CAD 技术的普及与应用，规模以上服装企业均配备了服装 CAD 系统，大大降低了板房的劳动强度，提高了工作效率。服装 CAD 系统在企业板房中的应用主要包括开样、放码、排料和纸样的输入输出等。

（1）开样系统（以国内知名品牌富怡研发的 V9 版为例）

纸样的生成，有以下三种方式。

1）自动打板

软件中存储了大量的纸样库，能轻松修改部位尺寸为订单尺寸，自动放码并生成新的文件，为快速估算用料提供了确切的数据。用户也可自行建立纸样库。

2）自由设计

① 智能笔的多功能。一支笔中包含了 20 多种功能，一般款式在不切换工具的情况下可一气呵成。

② 在不弹出对话框的情况下定尺寸。制作结构图时，可以直接输数据定尺寸，提高了工作效率。比如，就近定位（F9 切换），在线条不剪断的情况下，能就近定尺寸。

③ 自动匹配线段等份点。在线上定位时能自动抓取线段等份点。

④ 鼠标的滑轮及空格键。随时放缩显示结构线、纸样或移动纸样。

⑤ 曲线与直线间的顺滑连接。一段线上有一部分直线、一部分曲线，连接处能顺滑对接，不会起尖角。

⑥ 调整时可有弦高显示。

⑦ 合并调整。能把多组结构线或多个纸样上的线拼合起来调整。

⑧ 对称调整的联动性。调整对称的一边，另一边也在关联调整。

⑨ 测量。测量的数据能自动刷新。

⑩ 转省。能同心转省、不同心转省、等份转省、一省转多省、可全省转移也可按比例转移、转省后省尖可以移动也可以不动。

⑪ 加褶。有刀褶、工字褶、明褶和暗褶,可平均加褶,可以是全褶也可以是半褶,能在指定线上加直线褶或曲线褶。在线上也可插入一个省褶或多个省褶。

⑫ 去除余量。对指定线加长或缩短,在指定的位置插入省褶。

⑬ 螺旋荷叶边。可做头尾等宽螺旋荷叶边,也可头尾不等宽荷叶边。

⑭ 圆角处理。能做等距离圆角与不等距圆角。

⑮ 剪纸样。提供填色成样、选线成样和框剪成样的多种成样方式,及成空心纸样功能。并且形成纸样时缝份可自动生成。

⑯ 缝份。缝份与纸样边线是关联的,调整边线时缝份自动更新。等量缝份或切角相同的部位可同时设定或修改,特定位置的缝份也是关联的。

⑰ 剪口的定位或修改。同时在多段线上加距离相等的剪口、在一段线上等份加剪口,剪口的形式多样;在袖子与大身的缝合位置可一次性对剪口位。

⑱ 自动生成补、贴。在已有的纸样上自动生成新的补样、贴样。

⑲ 工艺图库。软件提供了上百种缝制工艺图。可修改其尺寸,并可自由移动或旋转放置于适合的部位。

⑳ 缝迹线、绗缝线。提供了多种直线类型、曲线类型,可自由组合不同线型。绗缝线可以在单向线与交叉线间选择,夹角能自行设定。

3)数码纸样导入

用边框定格(约 2 cm/格),把纸样用磁铁固定铺平,再用相机拍摄,通过富怡 V9.0 版的 CAD 读取纸样,自动生成 1:1 比例纸样。便捷好用,特别适合立体裁剪纸样导入。

(2)放码系统

放码系统主要完成对工业用纸样的放缩处理,企业中又称样板推挡,是以某一规格的服装纸样为基础,对同一款式的服装,按照国家号型标准规定的号型规格系列,有规律地进行放大或缩小得到若干个相似的服装纸样。

计算机辅助放码是在手工放码方法的基础发展起来的。目前，服装 CAD 软件中的放码方法主要有以下三种。

1）点放码

手工放码的常用方法，利用纸样放缩的基本原理，针对纸样的放缩点逐点放缩。放码系统中需要首先根据实际需要编辑号型，然后选择裁片根据放码规则逐点放缩。

2）线放码

在纸样中引入恰当、合理的分割线，然后在其中输入切开量（根据放码量计算得到的分配数）。切开线的位置和切开量的大小是其关键技术。在计算机辅助放码过程中，需要整体掌握裁片的 x、y 方向的档差，有选择地输入水平、垂直或平行放码线。

3）量体放码

通过指定纸样上几个关键尺寸与号型尺寸的对应关系，系统自动算出各码的放缩量。先建立各号型尺寸数据表，再运用量体放码工具对指定位置进行测量。

以上三种方法是计算机辅助放码的常用方法，其中点放码最准确，适合各类型服装放码。线放码最快捷，适合结构简单、裁片规则的服装放码。量体放码最简单，适合于裙装和裤装的放码。

（3）排料系统

排料系统是与企业生产任务结合最紧密的 CAD 模块。排料系统的实施主要依赖于服装裁剪方案的制定。

计算机辅助排料系统是服装 CAD 系统最早开发的模块，有效解决了手工排料效率低下、错误率高和面料利用率低的问题。目前服装 CAD 排料系统提供多种排料方式，以满足不同类型服装企业的需求。

1）自动排料

系统按照事先设置的数学计算方法，将裁片逐一放置到优选的位置上，直到把所有待排裁剪纸样排完。该方法克服了自动排料利用率较低、手工排料耗时费力的缺点，系统可以在短时间内完成一个唛架，利用率甚至可以超过手动排料。可以解决垂直、水平及混合色差带来的影响，还可以同一时间几个唛架同时排料，节省时间，提高工作效率，多用于服装生产企业正式的裁剪过程。

2）手工排料

利用鼠标或键盘拖动待排裁片到优选位置，直到把所有待排纸样排完。手动排料操作简单，用鼠标或快捷键就可完成翻转、吃位、倾斜，但该法耗时费力，很少使用。

3）人机交互式排料

先利用计算机自动排料，待所有待排裁片排完，再根据情况进行手动调整，直到满意为止。

4）分段排料

针对切割机分段切割可分段排料。

① 可跟随先排纸样对条对格。也能指定位置对条对格，手动、自动排料都可能对条对格，并检查出纸样间的重叠量。

② 算料（估料）功能，可以精确地算出每一定单的用料（包括用布的长度和重量），并可自动分床（或手工分床），大幅降低工厂成本损耗。

③ 系统根据不同布料能自动分离纸样。

5）刀模排板

针对用刀模裁剪的排料模式，刀模间可倒插排、交错排、反倒插排和反交错排。

6）关联

在排好的唛架后，纸样有改动时唛架能联动。

（4）绘图

① 输出风格：有绘图、全切及半刀切割的形式。

② 绘图线型：净样线、毛样线、辅助线绘制线类型可分开设置。

③ 选页绘图：指定绘制其中的部分唛架。

④ 唛架头：绘图时可在唛架头或尾绘制唛架的详细说明。

⑤ 绘图前自检：如果唛架上有漏排或同边或非同种面料的纸样，系统能自动检测到。

（5）纸样输入与输出

1）纸样输入设备

在服装 CAD 系统中，往往采用大型数字化仪和相机作为服装纸样的输入工具，因此大幅面数字化仪是服装 CAD 系统的重要外设之一。应用于服装 CAD 的数化板的规格一般有 A00、A0、A1、A2、A3 和 A4 等，其中 A00 最大，用得较少，多数服装厂（如制服、女装或衬衫厂）主要适用 A0 板，而一些内衣、帽或其他服饰品的企业适用小的数化板，如 A3 板。因此要根据用户生产的产品类型、纸样的大小来选配数化板的规格。

在服装 CAD 系统中输入纸样时，首先要把纸样平铺在图形板上，然后沿纸样的轮廓线移动鼠标，只要将衣片轮廓上各个有代表性的点输入到计算机内就可以。同时利用鼠标定位器上附加小键盘，把该点的附加信息（例如，省尖点、放码点、扣位等）输入计算机内，这样在放码软件中就会形成一个完整的纸样，并可对纸样做进一步的修改或放码。相机拍照输入，相机像素要达 1 500 万像素以上，且对摄影的方法也有相应的要求。

2）纸样输出设备

常用的纸样输出设备包括打印机和绘图仪。打印机主要用于打印报表、尺寸表、规格表和小比例纸样。一般按 1:1 纸样输出往往用绘图仪。绘图仪是一种输出图形的硬拷贝设备，在绘图软件的支持下可绘制出复杂、精确的图形，是各种计算机辅助设计不可缺少的工具。绘图仪的性能指标主要有绘图笔数、图纸尺寸、分辨率、接口形式及绘图语言等。绘图仪一般是由驱动电机、插补器、控制电路、绘图台、笔架、机械传动等部分组成。绘图仪在成套的服装 CAD 系统中占有重要的地位。

（六）计算机辅助工艺计划

计算机辅助工艺计划（CAPP）是现代制造业的重要技术。服装 CAPP 是利用计算机技术将服装款式的设计数据转换为制造数据，是连接服装设计系统与制造系统的桥梁，是替代人工进行服装工艺设计与管理的一种技术，是服装企业信息化的重要内容之一。

服装 CAPP 系统主要由信息输入模块、工艺数据库模块和输出系统模块构成。其中工艺数据库模块是工艺设计的核心，是随服装环境变化而多变的决策过程。

1. 服装 CAPP 发展状况

（1）第一代 CAPP 系统

从 20 世纪 80 年代开始。CAPP 的研究重点是实现工艺设计的自动化。在相当长时间内，CAPP 系统一直以代替工艺人员的自动化系统为研究目标，强调工艺决策的自动化，开发了若干派生式、创程式及检索式的 CAPP 系统。这些系统都以利用智能化和专家系统方法，自动或半自动编制工艺规程为主要目标。至今为止国内外还没有兼具实用性和通用性的真正商品化的自动工艺设计的 CAPP 系统。20 世纪 90 年代中期以来，主流的 CAPP 系统开发者已基本停止了对这类系统的研制。

（2）第二代 CAPP 系统

20 世纪 90 年代中期开始，CAPP 系统开始针对基于服务顾客、优先解决事务性和管理性工作理念进行开发。这类系统以解决工艺管理问题为主要目标。CAPP 系统在实用性、通用性和商品化等方面取得了突破性进展。第二代 CAPP 系统对企业需求进行了认真分析，并在认真分析顾客需求的基础上，以解决工艺设计中的事务性、管理性工作为首要目标，首先解决工艺设计中资料查找、表格填写、数据计算与分类汇总等烦琐、重复而又适合使用计算机辅助方法的工作。第二代 CAPP 系统将工艺专家的经验、知识集中起来指导工艺设计，为工艺设计人员提供合理的参考工艺方案，但与 CAD/

CAM/ERP 等系统共享信息方面有所局限。

（3）第三代 CAPP 系统

1999 年至今，CAPP 系统可以直接由二维或三维 CAD 设计模型获取工艺输入信息，基于知识库和数据库，关键环节采用交互式设计方式并提供参考工艺方案。此类系统在保持解决事务性、管理性工作优点的同时，在更高的层次上致力于加强 CAPP 系统的智能化能力，将 CAPP 技术与系统视为企业信息化集成软件中的一环，为 CAD/CAPP/CAM/PDM 集成提供了全面的基础。现有的 CAPP 系统在解决事务性、管理性任务的同时，在自动工艺设计和信息化软件系统集成方面也已经开展了一些工作。如兼容某些典型衣片的派生式工艺设计、基于设计模型可视化工艺尺寸链分析等工作。

2. 国内外服装 CAPP 研究现状

在国外一些发达国家，服装 CAPP 技术已应用于众多的服装企业。美国于 20 世纪 90 年代初制定了"无人缝纫 2000"的服装工业改造计划，计划针对传统服装制造业的滑坡现象，强调了服装生产的工艺流程高度自动化，提高生产效率和缩短加工周期，以适应日趋激烈的市场需求。法国力克（Lectra）公司与日本兄弟（Brother）公司联合推出的服装 CAD/CAM/CIMS 系统 BL-100。该系统可以自动编制生产流程、自动控制生产线平衡，并能参照企业现有的设备重新组织生产线和编排新的生产工艺。美国格博公司推出的 IMRACT-900 系统，该系统的工艺分析员可根据确立的设计款式，进行工艺分析、工序分解，将作业要素转化为动作要素，利用系统提供的动作要素和标准工时库，计算该产品的总工时及劳动成本；并可根据面料的厚度、针迹形态及缝纫长度、设备性能、机器类型，计算缝纫线消费量，计入该产品的原料成本，从而快速准确地完成产品的工序工时分析及成本分析；还可将此分析结果上传 FMS 系统，为吊挂生产系统提供调度信息，使生产信息达到集成。

同国外发达国家相比，我国对服装 CAPP 的研究起步较晚。"八五"期间由国家科委下达了"服装设计加工新技术"攻关计划，后又列入国家"863"

高科技发展计划。虽然经过了 30 年的发展历程，但其至今仍是计算机辅助技术领域的薄弱环节，也是企业实施推广计算机集成制造系统（CIMS）的瓶颈所在。近几年，CAPP 的研究开始注重工艺基本数据结构及基本设计功能，如时高服装 CAD/MIS 集成系统基本实现了由 CAD 向 CAPP 的过渡，缩短从接单—工艺文件制作—打版排料—缝纫工段投产的周期。目前，较为完善的服装 CAPP 系统具备了工艺单的制作、生产线的平衡、生产成本的核算、计件工资计算等功能，后台有强大的数据库支持，除了制作工艺单常用的资料（如各类国家标准、缝口示意图、设备资源库、各种服装组件网等），还具有典型工艺库、典型工序库，极大地提高了生产效率，同时优化了服装工艺。

（七）服装产品生命周期管理系统

服装企业的生产特点决定了其生产管理上的复杂性。要应对快节奏的市场变化，加快产品的上市时间，就要组织好与产品相关的各个环节的工作，使之得以高质高效地完成。产品生命周期管理（PLM）的出现正好有助于解决信息化时代服装企业产品管理数据繁多、难以有效进行管理的瓶颈。

1. PLM 系统原理

产品生命周期管理系统 PLM 是帮助企业应对市场竞争、快速推出新产品的管理系统。它是 PDM 与 CAD/CAM 乃至 ERP/SCM 等的集成应用，是一种系统解决方案，旨在解决制造业企业内部及相关企业之间的产品数据管理和有效流转问题。

PLM 是一项企业信息化战略，它描述和规定了产品生命周期过程中产品信息的创建、管理、分发和使用的过程与方法，给出了一个信息基础框架，来集成和管理相关的技术与应用系统，用户可以在产品生命周期过程中协同地开发、生产和管理产品。产品生命周期原本是一个经济学概念，是美国哈佛大学雷蒙德•弗农于 1966 年在其《产品周期中的国际投资与国际贸易》一文中首次提出的，指一种新产品从开始进入市场到被市场淘汰的整个过

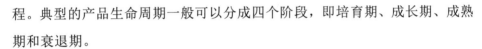

程。典型的产品生命周期一般可以分成四个阶段，即培育期、成长期、成熟期和衰退期。

① 从战略上说，PLM 是一个以产品为核心的商业战略。它应用一系列的商业解决方案来协同化地支持产品定义信息的生成、管理、分发和使用，从地域上横跨整个企业和供应链。从时间上覆盖从产品的概念阶段一直到产品结束它的使命的全生命周期。

② 从数据上说，PLM 包含完整的产品定义信息，包括所有机械的、电子的产品数据，也包括软件和文件内容等信息。

③ 从技术上说，PLM 结合了一整套技术和最佳实践方法，如产品数据管理、协作、协同产品商务、视算仿真、企业应用集成、零部件供应管理及其他业务方案。它沟通了在延伸的产品定义供应链上的所有的转包商、外协厂商、合作伙伴及客户。

④ 从业务上说，PLM 能够开拓潜在业务并且能够整合现在的、未来的技术和方法，以便高效地把创新和盈利的产品推向市场。

服装 PLM 系统一般分为产品设计、产品数据管理和信息协作三个层次。

① 产品设计层：包括用于概念开发、样板开发、放码、排料和 3D 设计的软件。在产品设计的过程中，产品线规划需要收集并整理从产品概念到产品生产的开发项目，以及所开发产品详细的可视款式和规格信息，如参数和样品等详细资料。

② 产品数据管理层：收集并整理设计层信息，供其他部门应用。应用它能够对面料、规格、成本和信息要求、图像管理、工作流程等方面进行控制，并在公司范围内数据共享；同时维护所有数据库数据，包括技术规格、颜色管理、物料清单和成本计算等；另外还对各类产品及其资料图板、数据和各类报表进行管理。

③ 信息协作层：它有效控制和管理产品供应链上的信息。主要由工作流程、样品追踪、合作伙伴许可认证，以及向零售商、品牌开发商、供应商及工厂发布必要信息时所用的工具的优化集成。

2. PLM 对服装企业的重要意义

PLM 在服装企业的实施给其带来一系列改变，包括缩短产品上市时间、在设计阶段发现错误以避免生产阶段昂贵的修改费用、在产品推向市场的过程中减少参与人员的重复劳动、提取产品数据作为新的信息资源等。一些国际知名服装品牌如 Nike、FILA、GUCCI 等应用 PLM 系统实现了企业的大发展。据行业顾问公司 KSA 的调查显示，国际知名服装企业实施 PLM 后，带来的经济效益如表 2-3 所示。

表 2-3　应用 PLM 带来的效益

应用方向	产生的效益
开发成本	降低了 10%～20%
材料成本	降低了 5%～10%
制造成本	降低了 10%
库存流转率	提高了 20%～40%
生产率	提高了 25%～60%
进入市场时间	提升了 15%～20%
保证质量费用	降低了 15%～20%

（1）及早获悉进料及成本状况

使用 PLM 前，最后获悉生产线构成的是进料经理；另外，面辅料的供应商也不能及时准确地提供服装企业所需要的材料。

通过 PLM 的解决方案后，进料和生产经理能够及早看到开发的款式，使他们能够对生产厂家进行评估并制订初步的生产计划；同时便于进料经理查看材料供应商在质量、成本、及时交货等方面的信息，了解他们以前各季度的表现。此外，向生产厂家发送成本要求前，服装企业可以制定运行报告，说明当前已分配给该生产厂家的业务量，从而确定生产能力。

（2）调整生产线规划

使用 PLM 前，制定服装的款式、类别、存货和生产线等综合预测分配任务时，繁复的工作很容易使企划人员造成遗漏或重复。

使用 PLM 后，这一切均可以在 PLM 解决方案内通过对现有和历史产品及周期性信息进行统一访问来得到实现。工作人员通过回顾上季度业绩，确定哪些产品类型成功，哪些价位实现了可行利润，然后将此类数据与最新趋势相结合进行分析，为企划人员提供了整个生产线的可视化操作手段。

（3）利用信息库加快设计速度

服装企业每季度续用的款式一般高达 20% 左右，设计师为了修改这些款式而花费了很多时间以致不能集中于设计新的产品。同时，由于各部门独立工作也造成资源和时间上的浪费。

导入 PLM 系统后，设计师可以方便地浏览和使用资料库中以往的产品信息；利用信息库能在一个组件更新后自动更新所有的相关款式，并及时通知到其他部门成员，让他们能够就款式、面料、工艺和色彩等进行及时沟通。

（4）节约管理成本

在使用 PLM 方案前，服装企业各部门都是相对独立地工作，在生产过程中很容易出现工作的交叉和重复，从而增加管理费用。

应用 PLM 系统后，可杜绝不必要的会议、流程交接等，使用网络来持续监督生产进度，并能为服装企业中所有团队成员提供标准化的产品规范。

3. 服装企业实施服装 PLM 解决方案

（1）选择适合服装企业自身的 PLM 供应商

选择一个好的 PLM 系统供应商，对于 PLM 的成功实施至关重要。好的供应商同时也是企业的一个长期合作的伙伴，因此服装企业应根据自身情况选择合适的 PLM 供应商。

① 在多个供应商之间进行比较

服装企业在选择 PLM 供应商时应先从专业咨询公司获取对供应商的评估资料，选择几个目标供应商进行深入的考察和比较。选择系统特色与自己的业务需求最为贴近的系统，并要求系统供应商进行一定程度的二次开发。另外，最好选择在服装行业有实施经验的供应商。

②对投资效益进行衡量与分析

PLM 给企业带来收益的同时，其成本投入也是企业必须考虑的问题。引入 PLM 的所有模块，对企业的业务流程进行大规模的改革所带来的成本并不是所有企业都可以承受的。企业可以分步进行 PLM 系统的实施，根据自己的情况和实施重点，选择最需要的模块，以及在该模块方面有特长或有丰富实施经验的供应商，以较少的成本来获取最大的收益。

例如，Nike 公司对应用 PLM 十分慎重，经过多次深入调查研究，针对其经营范畴和实施重点最终选择了美国参数技术公司（Parametric Technology Crop，PTC）为其提供 PLM 解决方案。

（2）结合服装企业自身实际情况确定 PLM 的实施目标

PLM 的实施需要详细的、可操作的计划，而实施计划的制定需要着眼于选定的实施目标。在制订实施计划时以选定的实施目标为中心，将实施目标逐步细分为企业的实际需求，使实施计划的着力点与企业的需求相一致。在制订实施计划阶段，应该关注企业选定的实施目标，避免大范围的流程重组。

例如，FILA 公司是一家从事运动服装的知名品牌公司，由于在近年来对体育装配产品的不断延伸，出现了研发过程中遇到大量的图像、数据及信息数据管理的问题。FILA 公司采用了 PTC 公司针对其实际问题而提供的 PLM 解决方案，正是因为 PTC 公司实施计划的着力点与 FILA 提出的需求相一致，关注了它的实施目标，使 FILA 缩短了上市时间，降低了产品的开发成本，同时提高了产品的质量和信息交换的能力。

（3）加强人员的培训以及与供应商的沟通

计划只有通过严格执行才能达到预期效果，而实施计划的执行过程需要实施公司和企业相关人员的相互配合，需要多方人员之间的相互交流。

①对项目组成人员进行系统培训。企业人员培训是系统上线前的一个必要步骤。根据工作态度来挑选系统管理组人员，对他们进行培训以提高其技能。因为系统管理人员要负责整个 PLM 系统的安装、维护、配置、运行、

备份等工作。所以，各部门的业务骨干，必须进行 PLM 技术系统教育和培训，全部人员共同学习。互相交流。这样，通过他们将企业需求和 PLM 技术结合起来，达到 PLM 项目实施的最终成功。

例如，法国 Sergent Major 童装公司在应用 Gerber 公司提供的 WebPDM 系统时，花大量时间对员工进行系统培训。对于这家以创新为价值取向的公司而言，积极帮助员工接受并理解流程改变的必要性正好与其企业文化相一致。对员工进行反复培训，讲解新流程的必要性比起指令性的方式更有利更高效。

②及时与供应商进行技术交流。LM 系统与其他信息系统相比，技术含量更高，这增加了企业人员理解和使用的难度。服装企业要想达到应用 PLM 系统的目的，一定要在实施 PLM 过程中与供应商紧密配合，积极沟通，实现知识转移，最终达到双赢。

可以在项目实施后分阶段开展实施报告会，邀请供应商及企业重要的项目关系人参加，对项目实施后的情况进行交流并获得帮助。PLM 解决方案，加上适当的技术交流，能够打破产品设计中的各个部门之间的隔离，能够增强供应商与服装企业之间的协同。通过协同，实现产品设计和系统项目实施的正确和及时，避免失误和延迟，提高服装企业的竞争地位。

PLM 对于我国服装企业来说是一次革命，它将改变服装领域的知识总量、存在的形式和传播的方式。它利用计算机、网络、数据库、软件等使服装企业的设计、生产、经营、管理等方面发生新的改变，提高竞争力。虽然目前 PLM 在服装行业尚未达到广泛的应用，但随着它良好的发展势头，它将吸引更多服装企业的关注并大幅度提高服装企业的经营效率和核心竞争力。

第三章　服装 2D 裁片虚拟模拟技术

第一节　2D 裁片虚拟缝合

一、虚拟服装造型方法

（一）几何模型

服装造型方法是服装穿着效果仿真的基础，早期对服装模拟的研究主要集中于基于几何特性的建模方法。

1986 年，美国贝尔实验室采用余弦曲线及其几何变换模拟悬垂织物，开创了服用织物虚拟模拟的先河。之后，Hinds 等利用几何变换进行织物形态模拟，构造了基于等距面的交互服装设计系统；Ng 等采用几何变换模拟特殊情况织物的变形；Hadap 等采用几何与纹理相结合的方法模拟服装的褶皱。

这些基于几何的模型，由于不考虑织物内在的物理属性，所以计算量小，速度快，但模拟效果不够逼真。

（二）物理模型

针对几何模型的缺陷，研究者提出了基于物理的服装（面料）建模方法。通过引入质量、力、能量等物理量，将织物各部分的运动看成各种力的作用下质点运动的结果。典型的物理模型有质点-弹簧模型、粒子模型和有限元模型。

1. 质点弹簧模型

质点弹簧模型是基于物理模型模拟织物应用最广泛的模拟方法之一。Xavier Provot 建立的模型是质点–弹簧模型的经典代表。质点–弹簧模型将织物简化成由弹簧连接的线性弹性质点系统。在质点–弹簧模型中，质点的运动规律通过受力分析由牛顿第二运动定律确定。模型通过受力分析后形式化为微分方程组，采用数值解法求解微分方程得到系统质点的运动规律，进而实现对柔性织物的外观模拟。

2. 粒子模型

将服装曲面离散化为一系列严守时刻的质点，质点与质点之间的作用力可用微分方程表示；应用牛顿第二运动定律，采用数值解法更新各质点的位置和速度 $[x(f), x'(f)]$，从而获得系统的演变。

$$F_{r,t} = \frac{mr\mathrm{d}r}{\mathrm{d}t}$$

式中，F 是点 r 处的合力。

3. 有限元模型

这种方法是利用有限元的方法模拟 2D 裁片"穿"在 3D 人体模型上的效果。将 2D 裁片的轮廓线以一定密度剖分成若干段，应用一定的规则画线将 2D 裁片一分为二，用递归算法将 2D 裁片分为若干个四边形单元，采用偏移法确保裁片轮廓线周围的形状规则。当 2D 裁片"穿"到 3D 人体模型上时，为防止 2D 裁片产生较大变形，需要利用裁片的弯曲变形重新形成四边形单元。通过比较人体模型中心轴与对应点的连线长度与包含该点的截面线半径来确定该点的位置。移动处于人体模型内部的点并通过变形调整得到 3D 服装造型。三种模型的比较如表 3-1 所示。

表 3-1　三种物理模型比较

模型	技术理论	求解方法	运算速度	优点	缺点	适用范围
质点–弹簧模型	牛顿第二定律、虎克定律、数值积分	微分方程组	较快	模型易于构造，算法容易实现，计算效率较高。速度较快	对织物物理特性的表述比较简单	动、静态模拟

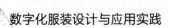
续表

模型	技术理论	求解方法	运算速度	优点	缺点	适用范围
粒子模型	能量最小化、牛顿运动定理	微分方程组	慢	模拟比较逼真，算法简单	计算较复杂，效率低	动、静态模拟
有限元模型	几何精确壳理论	有限元方程组	慢	体现织物的材料特点，模拟效果较逼真	计算复杂，效率低	动、静态模拟

比较以上几种服装建模方法，质点–弹簧模型简单，计算量较小，易于实现服装穿着的动静态仿真。笔者将根据质点–弹簧系统原理，对服装 2D 裁片进行虚拟模拟。

二、质点–弹簧模型

Xavier Provot 最早提出了织物的质点–弹簧模型结构，与织物几何模型相比，质点–弹簧模型将织物受到的外力和内力都考虑进去，通过受力分析、数值求解表现出织物外观的变化，使得织物外观经纬线的交点用一个质点表示，从而将每个网络单元的质量浓缩到每个质点中去。可以根据外力的不同做出相应的改变，为计算机模拟织物的动态变化提供了可能。

（一）模型简介

质点–弹簧模型把一块织物看作一个 $m \times n$ 大小的网格结构。质点的位置代表织物上某一点的空间位置。质点没有大小，但有一定的质量且被视为质量均匀分布。在该模型中，每根弹簧与两个质点相连，而每个质点可能与多根弹簧相连。弹簧被设计成符合胡克定律的理想状态。

在质点–弹簧模型中，弹簧有以下三种类型。

① 结构弹簧。连接横向和纵向相邻的两个质点，用于固定裁片结构。

② 剪切弹簧。连接对角线上的相邻质点，用于防止裁片弯曲变形。

③ 弯曲弹簧。连接纵向和横向相隔一个质点的两个质点，使裁片在折叠时边缘圆滑。

　　模型中质点的运动状态取决于作用于质点上的内力和外力的总和，其中内力主要体现为弹簧间的弹力（包括质点间的结构力、剪切力和弯曲力）。外力主要包括重力、空气阻尼力、风力、惩罚力和用户自定义力等。质点在这些力的综合作用下将表现出它所代表的那一小块网格单元的运动状态。综合所有质点的运动变化，便可以模拟出整块织物的外观变化。

（二）模型受力分析

　　模型中质点所受的力有内力和外力之分。内力主要是质点间的相互作用力，体现为三种弹簧的弹性力，即结构力、剪切力和弯曲力。外力主要有重力、空气阻尼力、风力、惩罚力，以及用户自定义的力等。

　　应用牛顿第二运动定律 $F=ma$ 可以确定质点的运动变化规律。在牛顿第二运动定律中，在某个时刻，当多个力同时作用于物体上时，每个力的向量之和就是总的作用力。在质点 – 弹簧模型中，将作用于质点上所有内力 $[F_{int}(\boldsymbol{X},t)]$ 和外力 $[F_{ext}(\boldsymbol{X},t)]$ 相加，来决定其加速度，如式（3-1）。

$$F=\frac{\partial^2 \boldsymbol{X}}{\partial t^2}=F_{ext}(\boldsymbol{X},t)+F_{int}(\boldsymbol{X},t) \qquad (3-1)$$

式中，$\boldsymbol{X}$ 是质点的位置矢量，$\boldsymbol{X}\in R^3$ 是求解目标。

1. 外力

　　为了模拟 2D 裁片质点的运动变化规律及与人体模型所发生的碰撞，往往要考虑重力、惩罚力、空气阻尼力、风力等自然世界里真实存在的外力，也需要考虑用户自定义的力（如缝合力）外力如式（3-2）所示。

$$F_{ext}(\boldsymbol{X},t)=F_{gravity}+F_{damping}+F_{penalty}+F_{aero}+F_{user} \qquad (3-2)$$

（1）重力

　　假设 2D 裁片是质量均匀分布的，则每个质点所受重力如式（3-3）所示。

$$F_{gravity}=\frac{M}{n}g \qquad (3-3)$$

式中，M 为裁片总质量，n 为裁片所包含的质点数，g 为重力加速度。

（2）空气阻尼力

阻尼力较大，质点运动较为缓慢，但是更容易到达平衡状态。阻尼力较小，质点运动较快，容易产生裁片变形以及裁片"穿越"障碍物的情况。空气阻尼力如式（3-4）所示。

$$F_{\text{damping}} = -C_d \frac{\partial \boldsymbol{X}}{\partial t} \tag{3-4}$$

式中，C_d 是阻尼系数。

质点间的摩擦力及外界环境的黏滞力都可以用阻尼系数来模拟。往往需要根据实际模拟效果的需要来合理选择阻尼系数。

（3）惩罚力

也称反碰撞力，2D 裁片与人体模型及其裁片自身的碰撞是碰撞检测的主要因素。如果不对质点的运动加以约束，就会发生裁片穿越人体模型的问题。模型采用惩罚力的方法处理它们：当检测到质点与人体模型发生碰撞时，加入一个碰撞惩罚力 F_{penalty}，将质点拉回到碰撞体另一侧。

对质点 P 和碰撞发生点 P_0。

$$F_{\text{penalty}} = \begin{cases} C_p \times \exp\left(\overline{\|PP_0\|}^{-1}\right) \times N_{P_0}, & \text{发生碰撞} \\ 0, & \text{未发生碰撞} \end{cases} \tag{3-5}$$

式中，C_p 为反碰撞系数，系数越大，反碰撞力越大；N_{P_0} 为 P_0 点处单位法向量；$\overline{\|PP_0\|}$ 为质点 P 与碰撞发生点 P_0 沿 N_{P_0} 方向的距离分量。

（4）缝合力

在裁片的缝合边上施加的作用力，使裁片相互靠拢并缝合。在本文中，缝合力被定义成对应缝合点之间距离的线性函数。缝合力如式（3-6）所示。

$$F_{\text{stitching}} = -k\vec{l} \tag{3-6}$$

式中：k 为缝合力系数，与织物的缝合性能有关，通常较难变形的织物采用较大的缝合力系数；$\vec{l}$ 为对应缝合点的距离矢量。

2. 内力

模型中的质点通过结构弹簧、剪切弹簧、弯曲弹簧和其相邻的质点相连，因此每个质点所受内力如式（3-7）。

$$F_{int}(X,t) = F_{stitching} + F_{shearing} + F_{bending} \qquad (3-7)$$

在质点–弹簧模型中，被考虑的内力是弹簧的弹性变形力。可以利用虎克定律来计算弹簧的弹性变形力。

假设质点 U_0 相邻质点的集合为 R，则 U_0 所受的弹性变形力如式（3-8）所示。

$$F_{elast} = \sum_{i=R} c_e \left(\overline{|U_0U_i|}_t - \overline{|U_0U_i|}_0 \right) N_{U_0U_i} \qquad (3-8)$$

式中，c_e 为弹簧的弹性变形系数；$\overline{|U_0U_i|}_t$ 为质点 U_0 与 U_i 之间 t 时刻的距离；$\overline{|U_0U_i|}_0$ 为质点 U_0 与 U_i 之间的初始距离；$N_{U_0U_i}$ 为质点 U_0 指向 U_i 的单位向量。

（三）模型数值求解

在对 2D 裁片中的各质点进行了受力分析后，还需要对模型进行运动求解。根据牛顿第二定律 $a = F/m$，计算出质点 U_i 的加速度 a_i，然后列出偏微分方程，利用各种数值方法来求得质点在各时刻的位置与速度。

对质点经过受力分析后，式（3-1）可展开为：

$$m \frac{\partial^2 X}{\partial t^2} + c_d \frac{\partial X}{\partial t} = F_{elast} + F_{gravity} + F_{damping} + F_{penalty} + F_{stitching} \qquad (3-9)$$

整个模型系统形式化为一个线性微分方程，方程右边除了重力 $F_{gravity}$ 与质点位置 X 无关以外，其他都是 X 的函数，因此必须使用数值方法来进行求解。

适用于织物模拟的数值解法主要有两大类：显式积分法和隐式积分法。显式数值积分法强调模拟的真实感，系统时间步长较小，每步的求解量较小，但迭代次数较多。隐式数值积分法可以使用较大的时间步长，减少迭代次数，但适用的范围有限。

1. 显式欧拉方法

显式欧拉算法是显式数值解法中最基本、最简单的算法，但是它的求解精度比较低。它是用向前差商来近似代替导数，所以也称为向前欧拉算法。

2. 龙格-库塔法

龙格-库塔法是一种在工程中应用广泛的高精度显式单步算法。此算法精度高，误差小，但是理论原理也较复杂。

龙格-库塔法是一个精确度和计算量妥协后的最佳选择，需要经过 4 次函数计算。

3. Verlet 积分法

法国物理学家 Loup Verlet 在 1967 年提出 Verlet 积分方法，该方法广泛应用于分子动力学仿真领域，它比欧拉积分法具有更好的稳定性而且更简单。

Verlet 积分算法通过质点当前位置和上一时刻位置来计算下一时刻的质点位置，而不用速度，减少了错误，速度项是隐式地给出，因此该方法相对比较稳定。

表 3-2 所示为几种数值积分方法的比较。

表 3-2　几种数值积分方法比较

积分方法	优势	不足
显式欧拉法	数值求解简单，运算速度较快	收敛阶数低，精度不够
龙格-库塔法	精度高，误差小	计算量大，实时性不理想
Verlet 积分法	不用速度求解，更稳定	计算量大，实时性不佳

在织物虚拟模拟中，一般都选择显式积分的方法，因为显式的方法是一个标准的、精确的积分方法。显式方法的每一步都要比隐式方法快，并且显式方法易于和空间限制相结合，这些空间限制是指在织物造型系统中那些穿透的质点和被拉长的边。本文也采用显示欧拉积分法对 2D 裁片质点-弹簧系统进行数值求解。

（四）质点修正算法

1. 超弹现象

采用理想弹簧模拟 2D 裁片的受力变形时，弹簧的伸长与弹簧受力成正比关系。根据线性微分方程理论，对于显式积分方法，迭代步长应足够小以保证数值计算的稳定，否则质点的位置会发生剧烈改变。Bathe 论证了迭代步长 h 和系统稳定性的关系，如果大于系统的临界迭代步长，那么线性微分方程将是病态的。

$$T_0 \approx \pi \sqrt{\frac{m}{K_c}}$$

式中，K_c 表示弹簧的弹性系数。

根据上式，如果使用大的迭代步长 h，必须减少模型的弹性系数。但若减少模型的弹性系数，织物将产生高弹性变形率，这个现象称为"超弹现象"或者"过度拉伸"。为了防止"超弹现象"发生，需要在每一步迭代时计算所有弹簧的变形率，若有弹簧的变形率大于临界值，就必须对该弹簧的两个质点进行修正。

2. 质点修正

质点修正算法包括质点位置修正算法和质点速度修正算法，这两种修正算法提出的目的就是为了抑制大时间步长时织物的过度拉伸。

① 质点位置修正。Xavier Provot 最早提出了质点位置修正算法，该算法通过设置弹簧最大拉伸长度 L_M 来检测每个时间段质点是否出现过度拉伸。根据服装所用材料的自身弹性，来确定 L_M 的大小，L_M 一般设置为织物弹簧松弛长度的 1.01～1.05 倍。

② 质点速度修正。在质点位置修正算法的基础上，研究者又提出了质点速度修正算法。通过将弹簧拉伸大于 L_M 的质点与弹簧向量平行的速度分量清零来防止该弹簧在下一个迭代周期中因惯性继续伸长。

三、2D 裁片网格剖分

2D 裁片的虚拟模拟需要首先读取 2D 服装 CAD 纸样数据，然后将 2D

裁片离散成三角形网格。应用富怡 V9.0 专业版服装 CAD 软件进行服装纸样绘制，并存储成 DXF 格式，通过 DXF 数据接口读取 2D 裁片数据，然后对 2D 裁片进行网格剖分。

（一）2D 裁片读取

目前，服装行业中，2D 服装纸样往往使用专业的服装 CAD 软件通过 PDS 模块绘制完成，不同服装 CAD 软件对文件的存储格式不同，而用 CAD 图形标准数据交换格式——DXF 格式可以保存 2D 裁片图形的精确数据，再通过 DXF 文件接口提取这些图形数据，实现对 2D 裁片的再加工。

1. DXF 文件结构

一个完整的 DXF 文件是由四个区段和一个文件结尾组成的。分别是：标题段、表段、块段、实体段及文件结束标识。具体内容如表 3-3 所示。

表 3-3　DXF 文件结构

结构	内容
标题段	记录图形的一般信息，每个参数具有一个变量名和一个参数值
表段	包含对指定项的定义。包括线形表（LTYPE）、层表（LYER）、字体表（STYLE）、视图表（VIWER）、用户坐标系统表（UCS）、视窗配置表（VPORT）、标注字体表（DIMSTYLE）及申请符号表（APPID）
块段	含有块定义实体，描述了图形中组成每个块的实体
实体段	含有实体，包含任何块的调用
文件结束标识	标识文件结束

2. 读取 DXF 实体数据

点是所有图形元素的基础。在 C++ 中，一个点在默认情况下是二维的，数据为正整形，而三维空间中裁片的顶点应是三维 float 型，所以需要对点的结构体重新定义：

Typedef struct Point3d

{

```
float X;

float Y;

float Z;

}
```

读取 DXF 格式的 2D 裁片文件，找出直线图元与曲线图元所在部分的组码；对这部分组码进行分类读取，保存直线及曲线的关键信息。

（二）2D 裁片网格剖分方法

在工程力学的计算中，为了得到研究对象的数值解，往往需要对模型进行离散化处理。其中，对操作对象进行网格剖分是模型离散过程中的重要步骤之一。

对网格剖分的研究始于 20 世纪 50 年代的有限元分析，主要研究空间数据场离散为简单的几何单纯形问题。最初网格剖分主要依靠人工完成，随着需要分析的对象越来越复杂，研究者开始研究各种自动网格剖分算法。但由于研究对象不同，每种方法总有自己的适应条件和一定的局限性。本节主要探讨在 2D 裁片和服装模拟中常用的网格剖分方法。

1. 四边形网格剖分法

织物模拟过程中，通常以矩形或简单的几何形状的织物作为研究对象。对于这种形状简单、边界规则的区域进行网格剖分时，常选用四边形网格剖分方法，其中具有代表性的是正则栅格法。其基本思想如下。

首先，用一个完全包含目标区域的正则栅格放置在目标区域上面，除去落在目标区域之外的栅格单元。

其次，对与物体边界相交的栅格单元进行剪裁调整。

最后，通过光滑技术处理得到最后的栅格。

应用正则栅格法剖分裁片，理论上讲栅格越密，网格质量将越好，但过大的剖分密度会增加计算的复杂性，因此，选择合适的剖分密度是正则栅格法剖分的关键。同时，为满足后期裁片缝合需要，裁片边界线（尤其是缝合边）上的网格剖分往往需要进行二次调整。

2. 三角形网格剖分法

与四边形网格相比，三角形网格对于表现复杂和不规则的区域更具优势，三角形的每个顶点与其他顶点都有直接的边的关系，能形象地表达相邻质点间的内在关系。典型的三角形网格剖分方法是 Delaunay 三角化方法。

Delaunay 三角化的最大优势是自动避免了生成小内角的长薄单元，当每两个相邻三角形形成一个凸四边形时，这两个三角形中的最小内角一定大于交换凸四边形对角线后所形成的另两个三角形中的最小内角。

马良等在服装模拟系统中使用了基于三角形的网格剖分算法。该算法中裁片的三角域网格剖分包括三个步骤：① 裁片外轮廓线的生成。② 裁片内部网格点生成。③ 网格点三角域剖分（如图 3-1）。

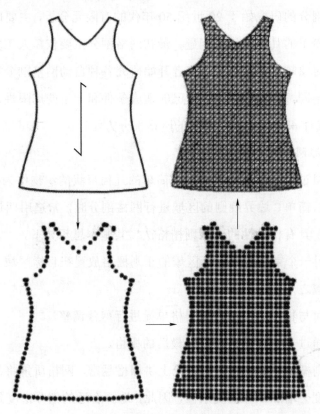

图 3-1 裁片三角形网格剖分

（三）正则栅格法网格剖分

本书根据构建 2D 裁片质点–弹簧模型和裁片虚拟缝合需要，采用四边形剖分和三角形剖分相结合的方法。首先采用正则栅格法对裁片进行四边形剖分，使裁片内部剖分整齐划一、边界依缝合需求特殊处理。然后，连接四边形对角线，实现对 2D 裁片的三角形剖分。

1. 2D 裁片正则栅格化

首先，将一个完全包含 2D 裁片区域的正则栅格放置在裁片上，除去落在裁片区域之外的栅格单元。其次，对与 2D 裁片边界相交的栅格单元进行调整或剪裁。最后，对裁片边界网格进行二次调整。

采用横向扫描裁片区域求交点、定边界；再沿横向扫描线方向依序取栅格点方法实现针对不规则多边形的网格剖分；最后依据边界条件，调整边界网格单元，确保缝合边上缝合点的对位关系。

2. 具体剖分步骤

设 2D 裁片的边界有 n 个顶点，分别为 P_i（$i=1,2,\cdots,n$），裁片正则栅格步骤如下。

① 从水平和垂直两个方向扫描裁片，获取包含整个裁片区域的正则栅格。

a. 按从小到大的顺序对顶点 P_i 的 x 坐标进行排序，取垂直扫描线 V_i（$i=1,2,\cdots,n$）。

b. 按从小到大的顺序对顶点 P_i 的 y 坐标进行排序，取水平扫描线 H_i（$i=1,2,\cdots,n$）。

c. 若 $V_{i+1}-V_i>r$，则细分区间$[V_{i+1}, V_i]$至相邻扫描线间隔小于 r，并令 $i=i+1$；若 $V_{i+1}-V_i\leqslant r$，则 $i=i+1$，重复执行。

d. 若 $H_{i+1}-H_i>r$，则细分区间$[H_{i+1}, H_i]$至相邻扫描线间隔小于 r，并令 $i=i+1$；若 $H_{i+1}-H_i\leqslant r$，则 $i=i+1$，重复执行。

e. 扫描整个裁片区域，确定垂直扫描线 V_i（$i=1,2,\cdots,n$）和水平扫描线 H_j（$_j=1,2,\cdots,m$）。

② 水平扫描裁片区域求交点、定边界，裁去落在裁片之外的栅格单元；再沿水平扫描线方向依序取栅格点，构造四边域，完成裁片的四边形剖分（见图 3-2）。

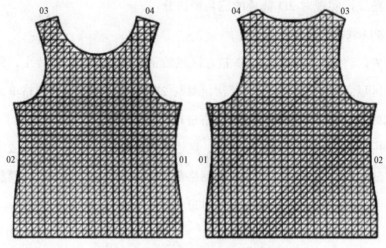

图 3-2　为背心裁片的三角网格化

③ 2D 裁片三角网格化

首先，连接裁片四边形对角线，实现裁片区域三角网格化。其次，根据缝合边的对位信息，调整裁片边界单元三角域，使其满足缝合边缝合要求。

采用基于正则栅格法的剖分算法离散 2D 裁片，能充分满足内部网格整齐划一、边界网格特殊处理的要求，且剖分密度自行控制，剖分过程实现全自动，剖分速度快、效率高。

四、2D 裁片虚拟模拟流程

（一）建立服装纸样库

同一服装款式，根据消费者体型不同往往生产多个规格。对男背心、女连衣裙、女低腰分割裙（如图 3-3 所示）每款设置 4 个号型，号型设置方法参照号型标准 GB/T 1335—2008。各款号型设置如表 3-4 所示。

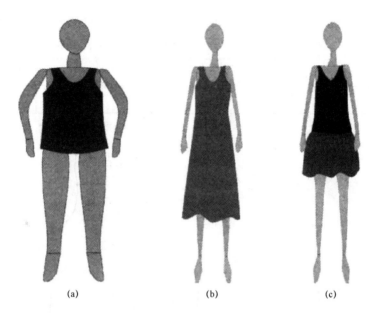

图 3-3 服装款式图

（a）男背心；（b）女连衣裙；（c）女低腰分割裙

表 3-4 号型设置

款式	号型设置
男背心	165/84A、170/88A、175/92A、180/96A
女连衣裙	155/80A、160/84A、165/88A、170/92A
女低腰分割裙	155/80A、160/84A、165/88A、170/92A

应用富怡 V9.0 服装 CAD 企业版进行纸样绘制，存储为 DXF 格式文件。纸样库中，文件名按"性别_款式_号型"命名。如男士背心 170/88A 纸样，其文件名为 M_vest_170/88A，女士连衣裙 160/84A 纸样，其文件名为 W_dress_160/84A。各款式主要部位尺寸和档差如表 3-5 所示，其纸样如图 3-4 所示。

表 3-5　各款式主要部位尺寸（单位：cm）

款式	背心 （M_vest_170/88A）			连衣裙 （W_dress_160/84A）				低腰分割裙 （W_yuke dress_160/84A）			
部位	衣长	胸围	腰围	衣长	胸围	腰围	臀围	衣长	胸围	腰围	臀围
尺寸	65	92	88	115	88	72	98	80	88	72	94
档差	1.5	4	4	3.5	4	4	3.6	2	4	4	3.6

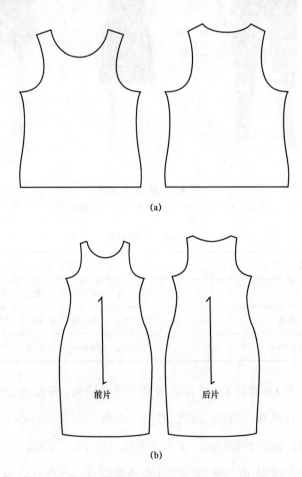

（a）

前片　　后片

（b）

图 3-4　各款式纸样

（a）M_vest_170/88A；（b）W_dress_160/84A；

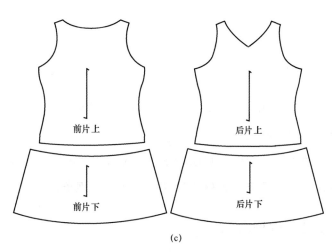

(c)

图 3-4　各款式纸样（续）

（c）W_yuke dress_160/84A

（二）2D 裁片三角网格化

读取 2D 裁片 DXF 文件，采用基于正则栅格法对 2D 裁片进行四边形剖分，实现裁片内部规则剖分，边缘特殊处理的要求。

连接四边域对角线，实现 2D 裁片三角化。同时根据裁片缝合边的对位信息，调整边界单元三角域，使其满足缝合边缝合要求。

（三）构建质点–弹簧模型

采用 X-Provot 经典的质点–弹簧模型理论建立 2D 裁片质点–弹簧模型，其中以三角形顶点为质点、三角形边为弹簧。

根据裁片缝合需要，对模型施加各种应力，包括外力（重力、阻尼力、惩罚力及缝合力）和内力（弹力）。并由牛顿第二定律确定质点的运动规律。

（四）模型求解

根据牛顿第二定律 $a=F/m$，计算出质点 U_i 的加速度 a_i，列出偏微分方程。

采用显示欧拉积分方法对模型进行数值求解，计算质点在各个时刻的位置与速度。

（五）质点修正

对于显式积分方法，大步长迭代将导致质点弹簧发生"超弹现象"，必须对质点的位置和速度进行修正。

采用改进的质点位置修正算法，每个迭代周期缩短拉伸最长弹簧的方向收缩，以消除大部分质点位置修正算法的互相消除现象。

五、2D 裁片虚拟缝合

（一）2D 裁片载入

依据人体关键尺寸的获取方法，获得人体模型的身高、胸围、腰围等关键尺寸，依据服装号型标准（GB/T 1335—2008）对号型的定义，获得与人体相对应的服装号型。

号：指人体的身高，是设计、生产、选购服装时长度方向的依据。

型：指人体的净胸围或净腰围，是设计、生产及选购服装时围度方向的依据。

号型标志：号型标准中规定，服装生产企业必须对生产的服装进行号型标志。标志方法为：号/型体型分类代号。

例如，1 号男性人体模型建立完成后，通过人体测量获取人体身高为171.3 cm，胸围为 86.4 cm，腰围为 73.8 cm，则该人模对应的号型为 170/88（上身）和 170/74（下身）。

打开服装款式库，选择要试衣的服装款式（本文中仅限男士背心、女士连衣裙和低腰分割裙，款式图和纸样）。根据人体对应的号型，在纸样数据库中搜索相应号型规格的纸样，载入系统中。

本文所使用的 2D 裁片通过富怡 V9.0 服装 CAD 软件打板完成，用 CAD图形标准数据交换格式——DXF 格式保存这些图形的精确数据。DXF 是

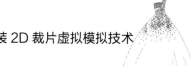

Autodesk 公司开发的用于 AutoCAD 与其他软件之间进行 CAD 数据交换的 CAD 数据文件格式。由于 AutoCAD 是现在最流行的 CAD 系统，DXF 也被广泛使用，成为事实上的标准。绝大多数 CAD 系统都能读入或输入 DXF 文件。DXF 文件结构中的实体段数据包含了图形中所包含的图元类型、顶点、坐标等相关信息。

（二）裁片位置初始化

根据 2D 裁片与人体的对应关系，交互式地设置 2D 裁片初始位置，满足 2D 裁片与人体模型的相对位置关系，方便后期裁片的对位缝合。即将服装的前片放置在人体模型的正面，后片放置在人模的背面，方便后期对位缝合。

（三）裁片缝合信息设置

服装的虚拟缝合过程为：系统在对应的缝合边施加缝合力，对应的 2D 裁片在缝合力作用下逐渐靠拢，达到系统设定的临界值时完成缝合，从而将 2D 裁片缝合为三维服装。在对 2D 裁片进行三维虚拟缝合处理的过程中，缝合信息的合理设置成为关键。

设 2D 裁片的顶点集为 P_i（$i=1,2,\cdots,n$），边界集合为 L_i（$i=1,2,\cdots,n$），边界上经网格化后的点集为 LP_i（$i=1,2,\cdots,n$）。这里，LP_i 是顶点 P_i 与 P_{i+1} 间的边界离散点集合。

假设需要缝合的 2 组裁片分别为 A 和 B，当选择 A 片上的顶点 $P_{A(m)}$ 与 $P_{A(m+1)}$，B 衣片上的顶点 $P_{B(n)}$ 与 $P_{B(n+1)}$，则确定了 A 片上 $L_{A(m)}$ 与 B 片上的 $L_{B(n)}$ 为对应的缝合边（见图 3-5）。在后期的缝合过程中，将在点集 $LP_{A(m)}$ 与点集 $LP_{B(n)}$ 之间施加缝合力。

选择对应的缝合边后，还需要设定边上对应的缝合点对。为了确定正确的缝合点对，边上的离散点以顶点选择顺序保存。如 A 片上，顶点顺序为 $P_{A(m)}$、$P_{A(m+1)}$，则边 $L_{A(m)}$ 上的点集为 $LP_{A(m)(i)}$（$i=1,2,\cdots,n$）；若顶点顺序为

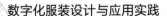

$P_{A(m+1)}$、$P_{A(m)}$，则边 $L_{A(m)}$ 上的点集为 $LP_{A(m)(i)}$（$i=n, n-1, \cdots, 1$）。

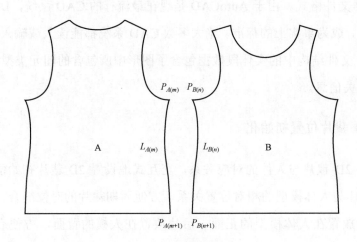

图 3-5　缝合边设置

本文以起止顶点选择顺序为顺时针或逆时针进行区分，若以相同顺序选择，则这两条边上的缝合点之间的对应关系是正确的（见图 3-6）；若以相反顺序选择，则缝合点对应关系是错误的（见图 3-7）。对此，笔者提出了处理此类情况的方法，即在系统中加入方向参数 d，其中顺时针，$d=1$；逆时针，$d=-1$。当裁片 A 中的方向参数与裁片 B 中的方向参数不同时，则可将裁片 B 的缝合边点集顺序进行调换。

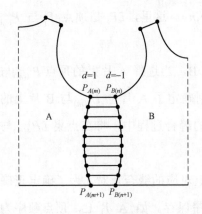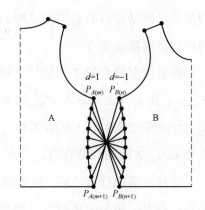

图 3-6　正确对应图　　　　　图 3-7　错误对应图

（四）2D 裁片离散

根据"服装 2D 裁片虚拟模拟技术"构建 2D 裁片质点–弹簧模型，通过模型数值积分求解，完成 2D 裁片初始离散。

1. 2D 裁片网格化

采用基于正则栅格法对 2D 裁片进行栅格化，实现 2D 裁片内部规则剖分、边缘特殊处理。

2. 构建 2D 裁片质点–弹簧模型

采用 X-Provot 经典的质点–弹簧理论构建 2D 裁片质点–弹簧模型，三角形的顶点形成质点，三角形的边形成相应的弹簧。按质点间的相应关系，加入各种应力。

（五）缝合边调整方案

在服装缝制工艺上，对应的缝合边因长度不同，缝合时应采用不同的调整方案。

1. 缝合边长相等

通常服装缝合的对应边边长应相等，在虚拟缝合时，要求对应缝合边上的缝合点数相等，对应的缝合边产生对应的缝合点对。

设 A、B 裁片对应的缝合边分别为 L_a、L_b，其长度分别为 l_a、l_b，对应的边上的缝合点数分别为 N_a、N_b，L_a 上的缝合点为 $P_{a(i)}$（$i=1,2,\cdots\cdots,N_a$），L_b 上的缝合点为 $P_{b(i)}$（$i=1,2,\cdots\cdots,N_b$），其对应缝合关系为 $P_{a(i)}\longleftrightarrow P_{b(i)}$。

当 $l_a=l_b$，$N_a=N_b$ 时：

调整 $P_{b(i)}$ 的位置，使 $P_{b(i)}P_{b(i+1)}=P_{a(i)}P_{a(i+1)}$（$i=1,2,\cdots\cdots,N_a$），修正 L_b 边界三角域。如图 3-8 所示。

当 $l_a=l_b$，$N_a\neq N_b$ 时：

设 $N_a<N_b$，则重新离散缝合边 L_a，使 L_a 上的缝合点 $P_{a(i)}$ 满足 $P_{a(i)}P_{a(i+1)}=P_{b(i)}P_{b(i+1)}$（$i=1,2,\cdots\cdots,N_b$），同时修正 L_a 边界三角域。如图 3-9 所示。

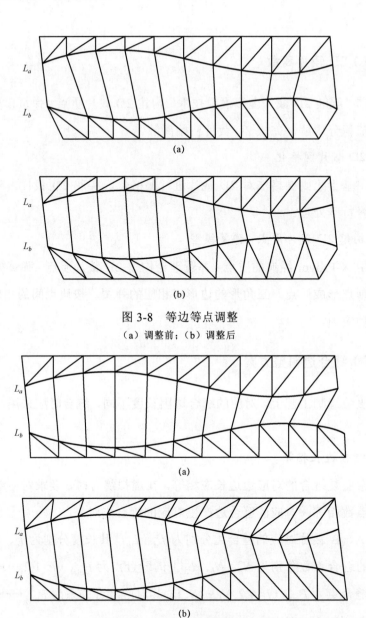

图 3-8　等边等点调整

（a）调整前；（b）调整后

图 3-9　等边不等点调整

（a）调整前；（b）调整后

2. 缝合边长不等

不相等的两条边进行缝合时，必须将长边进行缩褶处理，使多余的量形成褶。服装虚拟缝合时，必须确保两条缝合边的缝合点数相等。

设 A、B 裁片对应的缝合边分别为 L_a、L_b，其长度分别为 l_a、l_b，对应的边上的缝合点数分别为 N_a、N_b，L_a 上的缝合点为 $P_{a(i)}$（$i=1,2,\cdots,N_a$），L_b 上的缝合点为 $P_{b(i)}$（$i=1,2,\cdots,N_b$），其对应缝合关系为 $P_{a(i)} \longleftrightarrow P_{b(i)}$。

假设 $l_a > l_b$，$N_a > N_b$，调整 L_b 上的缝合点个数，使 $N_b = N_a$，且满足对应关系 $P_{b(i)} \longleftrightarrow P_{a(i)}$（$i=1,2,\cdots,N_a$），同时修正 L_b 边界三角域。如图 3-10 所示。

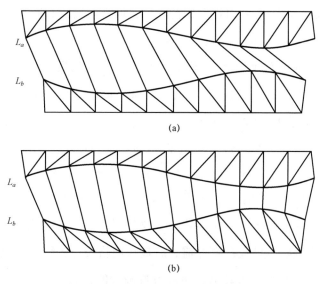

图 3-10　不等边不等点调整
（a）调整前；（b）调整后

（六）缝合力定义

缝合试衣过程中需要对 2D 裁片的缝合边施加缝合力，设计合理的缝合力及其控制参数是 2D 裁片能够成功虚拟缝合的关键。2D 裁片虚拟缝合过程中，缝合力以外力（质点–弹簧模型中，视为用户自定义力）的形式作用在缝合边对应的质点对上。

本文中，针对 2D 裁片缝合特性，将缝合力定义为与被缝合质点间距离呈线性关系——距离越大，缝合力越大；距离越小，缝合力越小，缝合力如式（3-10）所示。

$$\vec{F}_{\text{stitching}} = -k\vec{l} \quad (\|\vec{l}\| \geqslant d_{\min}) \qquad (3\text{-}10)$$

式中：k——缝合力系数，与织物的缝合性能有关，通常较难变形的织物采用较大的缝合力系数；$\vec{l}$——对应缝合点的距离矢量；$d_{\min}$——距离阈值。

缝合力系数 k 通常应大于弹簧的弹性系数，以保证在缝合过程中缝合力起主要作用。$d_{\min}$ 为缝合结束控制条件，当两个被缝合质点间距离小于给定的距离阈值 $d_{\min}$，系统认为两质点已经充分接近，此时采用动量守恒定律控制缝合点的运动，使其运动状态保持连续，最终两质点具有相同的速度和位置矢量，即实现两质点的缝合。

设裁片 A 的边 l_A 上质点 P_A 与裁片 B 的边 l_B 上的质点 P_B 为一缝合点对，质点 P_A 和 P_B 的质量分别为 m_A 和 m_B，缝合前的速度分别为 v_A 和 v_B，当 $\|\vec{l}\| < d_{\min}$ 时，根据动量守恒有：

$$m_A\,\vec{v}_A + m_B\,\vec{v}_B = (m_A + m_B)\,\vec{v}_0$$
$$\vec{v}_0 = (m_A\,\vec{v}_A + m_B\,\vec{v}_B)/(m_A + m_B)$$
$$\vec{P}_0 = \vec{P}_A + (\vec{P}_B - \vec{P}_A)\,m_A/(m_A + m_B)$$

当所有缝合边对应质点距离均小于阈值 $d_{\min}$ 时，便结束缝合。此时，对裁片及缝合边做如下处理：合并前、后裁片网格质点；缝合边上，给每个缝合点对施加一个初始距离极小、弹簧系数极大的弹簧。

（七）模型变形处理

根据裁片的缝合信息，在裁片的对应缝合边上施加缝合力。在缝合力、惩罚力和衣片上各质点间内部弹力的共同作用下，2D 裁片逐步变形，并逐渐被缝合在一起，整个缝合过程是一个动态的迭代过程。

其中，缝合力施加于 2D 裁片对应缝合边上，使裁片逐渐缝合在一起。惩罚力，也称为反碰撞力，当裁片与人模或裁片间有碰撞发生时，施加惩罚力，使裁片不会穿越和渗透人模或其他裁片。

在动态迭代过程中，要同时进行大量的裁片人模及裁片–裁片间的碰撞检测处理，并给出相应碰撞响应处理：当有碰撞现象发生时，对对应质点施加惩罚力，将质点拉回到三角形另一面，重新调整碰撞点处的位置，避免发生穿越和渗透。

缝合过程结束后，进行缝合约束处理，设定质点距离阈值 d_{min}，当所有缝合边对应质点距离均小于阈值 d_{min} 时，便结束缝合。此时，合并被缝合裁片网格质点，在对应缝合边上，给每个缝合质点对施加一个初始距离极小、弹簧系数极大的弹簧。这样便可以得到缝合好的三维服装穿在静态人模上的立体效果。

第二节　碰撞检测和碰撞响应

一、碰撞检测

在 2D 裁片虚拟缝合及试衣过程中，由于重力、缝合力等各种外力的作用，裁片逐渐变形靠拢，使得 2D 裁片与人体模型、2D 裁片之间接触并发生"穿越"现象。为了有效避免裁片"穿越"人体模型或裁片相互"穿越"，必须在虚拟缝合和试衣过程中对 2D 裁片和人体模型，以及 2D 裁片自身进行碰撞检测及响应。由于碰撞检测涉及的检测元素数量庞大使得碰撞检测非常耗时，因此设计高效的碰撞检测算法是实现虚拟缝合试衣过程的关键。

目前，用于虚拟仿真过程中碰撞体检测的算法主要有空间分解法和层次包围盒法两大类。其中，空间分解法采用将被检测碰撞体分割成若干个体积相等的单元，仅对相同或相邻的单元进行求交检测。层次包围盒法则是利用体积略大而几何特性简单的包围盒将被检测对象包围起来，首先进行包围盒之间相交测试，只有包围盒相交时，再对其所包围的对象做进一步求交计算。常见的包围盒有沿坐标轴的包围盒 AABB、包围球、方向包围盒 OBB 等。

（一）AABB 层次包围盒

1. 包围盒思想及层次包围盒

在虚拟环境中进行碰撞体之间的求交检测，其数学原理就是对碰撞体间的位置关系进行判断，即从碰撞体出发，构建表示该碰撞体表面的数学方程并构成联立方程组。通过求解方程组来判断碰撞体之间是否发生碰撞。

但由于在虚拟环境中，实际参与碰撞检测的碰撞体多种多样，因此构建不同碰撞体表面的数学方程十分不易，而且方程组的求解方法也很难实现。同时，为了满足虚拟模拟的实时性需要，碰撞检测的效率必须达到一定的要求。因此，用于碰撞检测的数学模型必须简化，而采用与碰撞体相似的包围盒来代替碰撞体进行碰撞检测正是包围盒的基本思想。

在虚拟仿真技术领域，层次包围盒法是进行碰撞体间碰撞检测的主要方法之一。其基本思想是利用体积略大、几何特性简单的包围盒将被检测对象包围起来，首先进行包围盒之间相交测试，只有包围盒相交时，才对其所包围的对象做进一步求交计算。

层次包围盒法采用包围盒树来逐渐逼近碰撞体的几何特性。其中层次结构的根节点包围了整个碰撞体，每个父节点包围的几何对象是它的所有子节点包围的几何对象之和，节点从上到下逐渐逼近它包围的几何对象。该方法只需对包围盒相交的部分进行进一步的相交测试，减少了碰撞检测的元素，有效提高了碰撞检测的效率。

1995 年，Smith 提出了一种基于 AABB 包围盒的碰撞检测方法，该方法在每个步长都重建碰撞体的包围盒，但该方法不能对复杂碰撞体进行实时检测。1997 年，Bergen 对原有基于 AABB 包围盒法的 SOLID1.0 库进行改进，用自下而上的更新方式加快包围盒树的更新速度，并发表了 SOLID2.0 库，但对于变形较大的碰撞体，其构建的包围盒树会出现较多的重叠区域。2007 年，王晓荣又对 SOLID2.0 库提出了进一步改进，首先利用碰撞体的时空相关性对可能相交的对象进行快速排序，然后通过减少 AABB 树的存储空间来

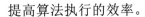

提高算法执行的效率。

2. 构建 AABB 树的过程

首先构建碰撞体，碰撞体的包围盒树根节点，然后向下细分。在每一步细分中，首先计算出所有基元的最小 AABB 包围盒，选择 AABB 包围盒的最长轴方向作为分离平面的分离轴，选取一个适当的点作为分离平面与分离轴的交点坐标来确定分离平面。分离平面将该基元分成正负两个子集。重复执行直到每个子集只剩下一个元素。因此，一个包含 n 个基元的碰撞体对应的 AABB 包围盒树有 n 个叶节点和 $n-1$ 个子节点。

（二）裁片–人体模型碰撞检测

① 分别构建 2D 裁片和人体模型 AABB 树。

② 用人体模型的 AABB 树的根节点遍历 2D 裁片的 AABB 树。若发现人体模型 AABB 树的根节点的包围盒与裁片 AABB 树内部节点的包围盒不相交，则停止向下遍历并结束碰撞检测。如果遍历能到达 2D 裁片 AABB 树的叶节点，再用该叶节点遍历人体模型 AABB 树。如果能到达人体模型 AABB 树的叶节点，则进一步进行叶节点对所包含的基元间的相交测试。

③ 检测叶节点与包含的基元是否相交。本文中所涉及的两个碰撞体，分别为人体模型和 2D 裁片，其中人体模型在整个动态模拟过程中为静态的，因此，只需在初始化时构造一次 AABB 树即可。为了进一步提高碰撞检测的效率，我们在构造人体模型的 AABB 树时，根据 2D 裁片所处位置与人体模型的几何结构，灵活构造人体模型的 AABB 树。例如，对于一件由四个裁片构成的上衣，在构造人体模型的 AABB 树时，只需取人体模型上半身数据来构造人体模型的 AABB。

在进行人体模型和 2D 裁片碰撞检测时，根据裁片与人体模型的对应位置分别进行局部检测，有效地减少需要碰撞检测的元素。系统缝合的裁片不同，所建立的人体模型 AABB 树亦不相同。

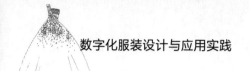

（三）裁片自碰撞检测

在 2D 裁片虚拟缝合及试衣过程中，除了 2D 裁片与人体模型之间的碰撞外，由于裁片的动态变形，使得裁片间也有碰撞发生，因此必须进行裁片的自碰撞检测。

通过计算 2D 裁片相邻三角形法线夹角来对裁片自碰撞检测进行处理。通过分析，只有当裁片的相邻三角形法线的夹角较大时才有可能发生碰撞。

建立 2D 裁片表面三角形邻域内的三角形列表，计算相邻三角形法线的夹角。设置角度阈值 θ，只有当三角形法线夹角大于 θ 时才进行碰撞检测，有效减少参与检测的碰撞元素，提高了检测效率。

二、碰撞响应

为避免发生 2D 裁片"穿越"人体模型和裁片间相互"穿越"现象，当检测到碰撞发生时，要立即进行碰撞响应处理。碰撞响应的处理方法一般有两种：一种是对碰撞质点施加几何约束；另一种是在人体模型和 2D 裁片周围设置一个向量场，或对碰撞质点施加一个向外的瞬间足够大的力。第二种碰撞响应方法中向量场或约束反力的大小不易控制，当向量场或约束反力过小时，起不到约束的作用，容易产生碰撞现象；当向量场或约束反力过大时，则容易使 2D 裁片产生"边缘跳动"现象，甚至导致系统求解失败。

发生碰撞时，受摩擦力和碰撞产生的冲力的作用，质点运动状态发生变化。检测到碰撞之后，需要准确确定质点碰撞后的位置及速度，避免发生"穿越"现。

第三节　2D 裁片三维虚拟缝合流程

现实中，服装产品的加工都采用 2D 衣片通过缝纫设备缝合完成，本节按照服装实际生产加工流程模拟服装缝制过程，将 2D 裁片通过虚拟缝合的方式在人体模型上进行三维缝合及试衣。本节以男士背心裁片虚拟缝合为例进行研究。

一、人体模型和 2D 裁片载入

这里用于虚拟缝合与试衣的男体模型（用于背心的缝合与试衣实验），通过三维人体扫描设备扫描人体点云数据，处理构建个性化人体模型并存储成 STL 格式，系统通过打开 STL 人体模型文件，载入人体模型。

用于虚拟缝合与试衣的女体模型（用于连衣裙和低腰分割裙的缝合与试衣实验），通过通用三维建模软件 3DsMax 建模完成标准化人体模型并存储成 OBJ 格式，系统通过打开 OBJ 人体模型文件，载入人体模型。

系统通过获取人体关键尺寸（身高、胸围和腰围），确定人体穿衣号型，在纸样数据库中搜索对应号型的纸样，通过 DXF 文件接 EI 打开 2D 裁片。

二、背心裁片网格剖分

按照第四章中关于"2D 裁片网格剖分方法"，对背心裁片进行三角网格化。采用正则栅格化方法对 2D 裁片进行四边形剖分。根据实验分析，在保证模拟效果的同时应尽量提高模拟效率，此处设置剖分密度为 2.5 cm，连接四边形对角线，实现背心前、后片裁片内部规则处理、裁片边缘特殊处理，满足后期缝合需要。

三、2D 裁片位置初始化

根据服装 2D 裁片与人体位置的对应关系结合背心款式特征，交互式地合理放置初始位置以方便 2D 裁片对位缝合。如图 3-11 所示，由于背心只有 2 个裁片即前片和后片，因此，将前片放置在人体模型的正面，后片放置于人体模型的背面。

图 3-11　背心裁片初始位置

四、设定缝合信息

根据前述缝合信息设置方法，设置背心前后片肩线、侧缝对应缝合边、缝合点信息，选择等边缝合调整方案，对肩线、侧缝的对应缝合边进行缝合信息调整，其具体操作流程如下。

①背心左肩线缝合设置：首先，选择前片左肩线端点（侧颈点－肩点），然后选择后片左肩线端点（侧颈点－肩点），注意选择方向一致，在系统中添加左肩线的缝合信息。

②背心左侧缝缝合设置：首先。选择前片侧缝端点（腋下点－底摆点），然后选择后片左侧缝端点（腋下点－底摆点），注意选择方向一致，在系统中添加左侧缝的缝合信息。

③同理，在系统中添加右肩线、右侧缝的缝合信息。如图 3-12 所示。

④比较前后片的左肩线、右肩线、左侧缝及右侧缝的缝合点数（即边的剖分数）是否相同，如不同，采用等边调整方案对对应边进行调整。

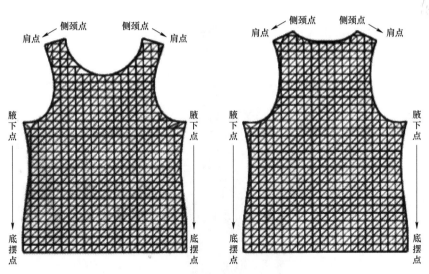

图 3-12　背心裁片缝合信息设置示意图

五、建立 2D 裁片质点–弹簧模型

按照关于"质点–弹簧模型的原理"，构建背心前、后裁片质点–弹簧模型，其中三角形顶点为质点，三角形的边为弹簧。

六、施加缝合力

完成 2D 裁片初始位置设置、裁片离散和缝合信息设定后，前后裁片需要通过缝合力的作用相互靠近缝合成三维服装。缝合力被设置成对应缝合点距离的线性函数（见图 3-13）。

七、碰撞检测及碰撞响应

2D 裁片对应缝合边上的质点在缝合力的作用下将逐渐相互靠近，同时在重力、空气阻尼力的作用下，裁片向人体模型逐步靠近，为防止裁片"穿越"人体模型，以及裁片相互"穿越"，必须进行碰撞检测。采用 AABB 层次包围盒法，分别构建裁片和人体模型 AABB 树，对裁片–人体模型碰撞及裁片自碰撞进行检测，并及时响应处理。

图 3-13　前后裁片肩线、侧缝施加缝合力

八、质点位置更新

在质点–弹簧模型的作用下，裁片内部质点与缝合边上的质点之间存在弹簧力的作用，内部质点将随之产生位置变化，使 2D 裁片产生弯曲变形并靠近人体模型，2D 裁片逐渐被缝合成三维服装。

九、缝合结束判定

设定质点距离阈值 d_{min}，当所有缝合边对应质点距离均小于阈值 d_{min} 时，便结束缝合。此时，对裁片及缝合边做如下处理。

① 合并前、后裁片网格质点。

② 缝合边上，给每个缝合点对施加一个初始距离极小、弹簧系数极大的弹簧。

通过以上步骤，2D 裁片完成虚拟缝合过程，在缝合力、重力、阻尼力、惩罚力，以及内部弹力的共同作用下，2D 裁片弯曲变形被逐渐缝合，并"穿"在人体模型上。图 3-14 为背心虚拟缝合结果。

图 3-14　背心虚拟缝合效果

第四节　服装纹理映射

在服用纺织品中，大多数服装材料具有印花图案或织物纹理，把这些图案模拟出来可以很好地体现服装的质地和穿着效果。通过纹理映射技术将织物纹理映射到服装模型的表面，从而增强服装仿真的真实感。

一、纹理映射概述

纹理映射是一种提高服装模拟真实感的有效手段。应用于虚拟服装中的纹理通常有颜色纹理和几何纹理两种。其中，颜色纹理是在光滑表面上描绘附加定义的花纹或图案；几何纹理是根据粗糙表面的光反射原理，使表面呈现出凹凸不平的形状。三维服装表面两种纹理都存在，着装效果的仿真应考虑两种纹理映射，但以颜色纹理为主。所以本节主要探讨服装表面颜色纹理的具体映射过程。

服装颜色纹理映射首先在纹理空间上定义纹理图案，然后建立服装表面

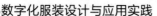

的点与纹理图案的点之间的对应关系。当确定服装表面的可见点之后，用纹理空间的对应点的值乘以亮度值，就可以把纹理图案附到服装表面上。

1974年，Calmull提出了一种将平面图像映射到曲面上的方法，该方法中，曲面用参数表示，纹理空间定义在参数空间上，因而纹理映射就是该曲面的表征函数。

Song Dema和Hong Lin提出了一种优化的纹理映射方法，利用一种使映射变形最小的局部相等映射将曲面近似展开为二次曲面。该方法在一定程度上减轻了Calmull提出的纹理映射方法所带来的图像变形问题。

虚拟服装纹理映射的过程就是建立纹理图案与服装表面点间的映射关系，按一定算法将纹理图案映射到服装表面上。

设纹理图案定义在纹理空间中的一个正交坐标系(u,v)中，被映射模型定义在另一坐标系(x, y)中。则纹理映射函数为：$x=f(u,v)$，$y=g(u,v)$。对于二维纹理到三维模型的映射，若三维曲面可展，则映射是线性的，否则是非线性的。

服装曲面由于其构成的复杂性，其整体纹理映射属于非线性的。但由于服装曲面建模时采用分块小曲面构造，使局部的纹理映射线性化，减少了变形。

二、纹理映射方法

在服装（织物）纹理映射中，通常采用逆向纹理映射方法，该方法按屏幕扫描线顺序访问像素，对纹理图案进行随机采样，根据要显示点的逆透视方向计算出它所代表的三维曲面上的点，再以参数空间为参考根据映射关系找出三维曲面点在二维纹理图像中的对应点，获取灰度和颜色。

在服装曲面上实现图案纹理效果，首先根据纹理图案和服装的边界定义，案映射到服装曲面空间。实质上就是织物图案在服装表面上的映射。确定一个映射函数；然后使用逆向映射将图映射在服装表面。

若纹理空间点$P(u,v)$对应于服装模型坐标点$S(x,y,z)$，则纹理图像P点的

灰度或颜色值 $f(u,v)$ 等于三维服装模型 S 点处的灰度或颜色值 $I(x,y,z)$，即 $f(u,v)=I(x,y,z)$。

三、纹理图案与服装曲面线性映射关系

设纹理图案被定义在纹理空间坐标系 (u,v) 中，服装表面被定义在另一坐标系 (x,y) 中，则纹理图案与服装曲面的映射关系为：

$$x = k_1u + m_1$$
$$y = k_2v + m_2$$

$$（3\text{-}11）$$

式中，系数 k_1、k_2、m_1、m_2 由纹理图像和服装曲面对应的角点坐标唯一确定。

如图 3-15 所示，纹理图案四个角点与服装曲面四个角点的映射关系为：

$$P(0,0) \rightarrow A, P(0,1) \rightarrow B, P(1,1) \rightarrow C, P(1,0) \rightarrow D$$

服装曲面四个角点 A、B、C、D 是用参数 (x,y) 表示的已知点，根据四个已知条件可求出线性纹理映射的四个系数 k_1、k_2、m_1、m_2，从而确定线性纹理映射函数。

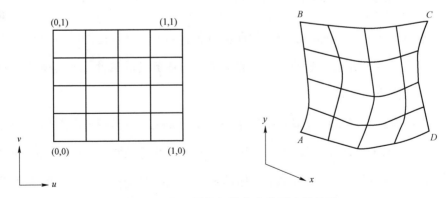

图 3-15　纹理图像与服装小曲面映射关系

笔者采用 OpenGL 库函数实现三维服装的纹理映射，在 OpenGL 中，图像各个点的映射值由其内部插值完成，如果要把整个图像放在服装曲面上，只要把纹理图案的 4 个角点的坐标映射到服装曲面对应的 4 个角点上。

通过纹理映射技术，将纹理图案的 4 个角点的坐标映射到服装曲面对应的 4 个角点上，便完成服装的纹理映射。图 3-16 所示为男背心的纹理映射结果。

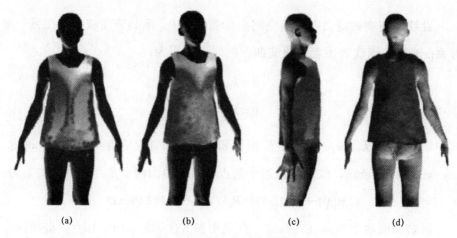

(a) (b) (c) (d)

图 3-16 背心纹理映射结果
（a）正面；（b）右侧面；（c）侧面；（d）背面

四、服装 CAD 系统中的光照面向对象分析

本系统介绍了 OpenGL 语言的面向过程性特点，以及在面向对象编程思想指导下，详细阐述了光源与材质的实体类与业务类的属性，为实现了光照效果功能模块的开发，奠定基础。

本虚拟服装展示系统中光照技术是基于 OpenGL 三维图形函数库进行开发的。OpenGL 运行机制具有面向过程性而非描述性的特点，OpenGL 提供对二维、三维图形基本操作非常直接的控制，包括对变换矩阵、光照方程系数、反走样方法和像素更新操作符等参数的指定，但是它不提供对复杂几何对象的描述或建模手段，因此发布 OpenGL 命令就是要指定怎样产生一个特定的结果，而不是确切说明结果应该怎样，也就是说，OpenGL 命令是过程性而非描述性的。

OpenGL 函数库的函数功能强大，但其记忆性差、可读性不强且不容易理解，使用起来容易出错，而且不少函数参数不仅数目多、类型多，且深奥难懂。OpenGL 具有面向过程性而非描述性的特点，本系统利用这种过程性（顺序性）中某部分函数在实现相应功能上的不可或缺性，将相对应功能函数进行类的封装，将面向对象编程思想应用到 OpenGL 编程中，从而实现对相关功能函数和属性的方便调用。

（一）光照的面向对象分析

光照参数的集中控制应该具备相对完备的光照参数，相对独立且光照参数完备的可移植代码，方便可行的控制调整手段，使用简单、安全可靠的接口。

1. 光源实体类的属性与光照业务类的方法

控制光源的所有光照参数，包装成光源实体类的属性，并将所有相关设置函数包装成光源业务类。OpenGL 中的光照模式的概念包括三方面：全局环境光强度、本地视点与无穷远视点的选择及是否选择双面光照模式。每个光源都有自己的光照模型。

OpenGL 至少支持 8 个光源，每个光源可以选择光源类型，设置位置、方向、环境光的 RGBA 强度值、漫反射光 RGBA 强度值及镜面反射光的 RGBA 强度值；对于位置光源还要考虑衰减因子：常数衰减因子、线性衰减因子及二次衰减因子；对于聚光灯还要考虑：（聚光灯）聚光指数、（聚光灯）聚光方向矢量及（聚光灯）聚光散射半角。

2. 材质实体类的属性与材质业务类的方法

OpenGL 用材质对 RGB 的反射率来定义材质的属性。材质的属性包括：环境色、漫反射色、镜面反射色、光亮度和辐射光色，材质的属性还要分应用于物体正面还是物体反面。所设计的类，要封装材质所有的属性和设置属性的方法。

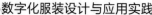

表 3-6　CMaterial 实体类属性及说明

CMaterial 类属性	说明
GLfloat mat_ambient[4];	RGBA 模式下的材质环境光反射色
GLfloat mat_diffuse[4];	RGBA 模式下的材质漫反射光反射色
GLfloat mat_specular[4];	RGBA 模式下的材质镜面反射光反射色
GLfloat mat_shinness[1];	材质反射指数，俗语，光泽度
GLfloat mat_emission[4];	RGBA 模式下的材质发射光色

表 3-7　C SetLight 类属性和方法说明

C SetLight 类属性	方法说明
CLight myLight;	光源实体类对象
void initdata();	初始化各属性值的函数
static void LightingOff();	光源启用的函数
static void LightingOn();	光源关闭的函数
void SetlightAmbient(GLenum lightnum);	设置光源环境光 RGBA 强度的函数
void SetlightDiffuse(GLenum lightnum);	设置光源漫反射光 RGBA 强度的函数
void SetlightSpecular(GLenum lightnum);	设置光源镜面反射光 RGBA 强度的函数
void SetLightPosition(GLenum lightnum);	设置光源位置的函数
void SetLightDirection(GLenum lightnum);	设置光源入射方向的函数
void SetLightCutoff(GLenum lightnum);	设置光源入射半角的函数
void SetLightExponent(GLenum lightnum);	设置光源聚光指数的函数
static void LightOn(GLenum lightnum);	具体光源启用的函数
static void LightOff(GLenum lightnum);	具体光源关闭的函数
static void SetLightColor(GLenum ligthtnum,COLORREF m_colr,int mode);	设置光照颜色的函数
void SetLightAttenuation(GLenum lightnum,int i);	设置衰减因子的函数
void LightingModel_ambient();	设置全局环境光强度的函数
static void LightingModel_localviewer(BOOL BL);	设置是远视点还是本地视点的函数
static void LightingModel_twoside(BOOL BL);	设置是否双面光照模式的函数
void CreateLight(GLenum lightnum);	定义光源的函数
CSetLight();	构造函数，用于初始化各个属性值

OpenGL 语言的面向过程性特点，以及在面向对象编程思想指导下，详细阐述了光源与材质的实体类与业务类的属性，并进行了相关类的设计和封装，为实现服装 CAD 中的关键技术做好理论与技术准备。

（二）光照效果状态的保存

在虚拟服装展示系统中，我们面临这样一个问题，有时候我们需要保存当前的光照效果的状态，以备需要时调用。这时仅利用 OpenGL 就不能解决问题，因为 OpenGL 面向过程性的特点，它不确切说明结果应该是怎样。本系统在开发时，光照效果的实体类光照对象的属性值用数据库保存或读取功能实现，达到保存光照效果状态的目的。

（三）光照效果实现

本系统提供了 CMaterial、CLight 两个实体类，CMaterial、CLight 两个业务类来对光照效果进行实现。通过两个光照实体类生与两个光照业务类，组合到*View 类里，利用两个光照实体类将光源对象与材质对象实现，并利用两个光照业务类对光源和材质进行管理，绘制出所需要的光照效果。光照效果程序设计的 UML 类图如图 3-17 所示。

其中，CLight、CMaterial 两个实体类，CSetLight、CSetMaterial 两个业务类的属性和方法，光照效果完成的 UML 活动图，如图 3-18 所示。通过以上面向对象分析与设计，最终实现了光照效果。在本系统中，利用光照类的对象与材质类的对象，生成了上、下、左、右、前、后稍偏上及后稍偏下共 7 个光源对象，以及具体的材质对象，对每个光源与材质的任意一个属性，都可以进行交互控制。并设计了基于对话框的双视图界面，方便交互控制与演示光照效果。

程序中实现的不同光照效果下的人体模型如图 3-19 所示。

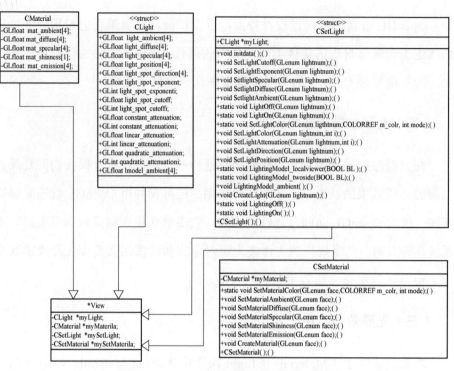

图 3-17　光照效果程序设计的 UML 类图

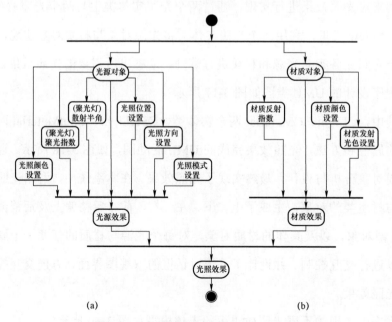

(a)　　　　　　　　　　　　　(b)

图 3-18　光照效果完成的 UML 活动图

（a）光照设置的 UML 活动图；（b）材质设置的 UML 活动图

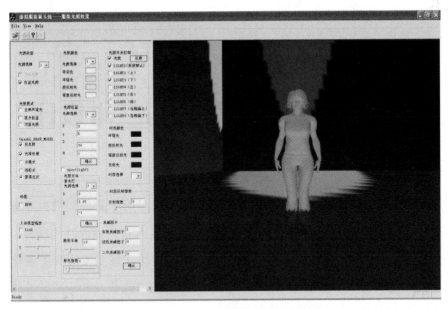

图 3-19　光照效果下的人体模型

本系统利用 OpenGL 函数库，利用面向对象编程思想，开发了光源与材质实体类与业务类，实现了光照效果的实现。并提出利用数据库实现某时刻的光照效果状态的保存与读取。

这一光照效果实现方法，轻松实现对放入场景中的三维物体进行光照渲染。不仅可以应用于服装虚拟展示中，对其他三维虚拟现实系统，游戏系统的开发也有很好的借鉴作用。

第四章　数字化服装与三维设计

随着社会经济的发展和人类文明的进步，服装经历了从最初的树叶遮体到个性时尚的巨大转变，其功能从单纯的驱寒保暖上升到体现时代精神、张扬个性的高度，服装的设计与生产方式也从手工作坊式逐步发展到工业化生产及批量定制式，尤其是计算机网络技术和信息技术的普及和应用，给制造业带来了翻天覆地的变化，传统的服装产业向数字化方向迈进了一大步。

第一，服装设计与生产方式发生了巨大变化。服装 CAD/CAM、服装自动吊挂系统的普及与应用大幅提高了服装设计与生产的效率、缩短了服装产品开发周期，使服装企业的快交货、短周期成为可能。

第二，服装流行传播方式和服装营销模式发生了根本性变化。伴随着计算机网络、移动互联等技术的进步和大规模应用，服装流行的传播方式已从单一的 T 台秀演变成如今的多种方式，人们可以随时随地通过移动终端获取时装流行资讯。同时，服装营销模式也发生了巨大变化，网络购物日益成为人们的购物习惯。

第三，服装企业的经营管理方式开始发生根本性变革。服装 ERP/PLM 等系统的应用、服装 IE 工程、服装单件流生产方式及分层生产方式的推广，使服装企业实现精益生产管理成为可能。

第四，消费者的消费行为发生了很大的变化。消费者购买的选择性增强，从原来的区域性选择转变为全球性选择，其需求也从过去的物美价廉、满足基本生活需要转变为对多样化、时尚化和个性化的追求。

第五，伴随三维服装 CAD 技术和虚拟试衣技术的进一步成熟，消费者希望不仅能看到服装在模特身上的标准样式，更希望能看到服装穿在自己身上的立体效果。通过三维人体扫描系统快速扫描并重建人体模型，通过互联网终端设备选择服装款式，从而直接在计算机（电子设备）上观察所选服装的款式、号型、色彩搭配、整体造型等。

第一节　数字化服装设计概述

随着社会经济的发展和人民生活水平的提高，人们对服装高品质、时尚性和个性化的要求越来越高，服装行业开始向着"多品种、小批量、短周期、快交货"的方向发展。伴随着数字化技术和网络技术的不断发展，传统的服装行业开始步入全新的信息化时代。

数字化服装技术是指在服装设计、生产、营销、管理等各个环节引入信息化技术，利用计算机高速运算及存储能力和人的综合分析能力对服装设计、生产、销售等环节涉及的人、财、物等进行资源优化配置，对提高企业的产品开发能力、缩短设计制造周期、提高产品质量、降低运营成本、增强企业市场竞争能力与创新能力发挥着重要作用。数字化服装工业则是以信息技术和网络技术为基础，通过对服装设计、生产、营销等环节中各种信息进行收集、整理、共享和应用，最终实现服装企业资源的最优化配置。数字化服装技术主要包括以下几个方面的内容：① 以服装产品开发为主的数字化服装设计技术；② 以服装产品制造加工为主的数字化服装生产加工技术；③ 以服装企业生产运营管理为主的数字化服装生产管理技术。

一、数字化服装设计

数字化服装设计作为数字化服装工业的重要环节直接影响了整个服装行业的数字化发展进程。

最早实现服装数字化技术的是服装计算机辅助设计，发展至今已有 40

多年了。20 世纪六七十年代，美国采用计算机进行读版、放码和排料，这是一个以代替手工为主的服装 CAD 技术时期；20 世纪八九十年代，美国、法国、日本、西班牙等国相继开发出服装 CAD 系统，如美国格博、法国力克、加拿大派特、日本杨格、德国艾斯特、西班牙艾维等系统。

服装 CAM 技术也开始发展，国外服装企业有 70% 以上使用了服装 CAD 技术。2000 年以后，国内服装 CAD 技术开始快速发展，相继出现了不少优秀的服装 CAD 系统，如富怡、布易、航天、日升、至尊宝纺、博克等系统。目前，我国服装行业服装 CAD 应用普及率在 15% 左右，并且服装 CAD 系统正朝着智能化、三维化和快速反应的方向发展，数字化服装设计技术的研究应用范围也在不断扩大。

二、数字化服装生产加工

目前，越来越多的品牌服装企业开始寻求快速、时尚的服装制造模式，其产品品种系列变得多而杂，产品开发周期为了满足"快速的市场反应"需要不断缩短，产品质量要求也在不断提高。因此，数字化服装生产已成为部分走在前沿的服装企业努力实现的目标。

数字化服装生产是一种基于信息技术、涉及服装制造全流程的全新模式。它以数字化信息为基础，以计算机技术和网络技术为依托，收集、整合、传输并应用服装设计、加工、销售等环节中的各种信息，提高生产效率，降低生产成本。

现在已有部分高校、科研机构及企业开展了相应的研究，以应对当下"多品种、小批量、高质量、快交货"的服装制造发展需要。服装 CAM、服装自动吊挂系统、服装生产模板、全自动缝纫设备、自动裁床等先进的生产设备与科技产品的大规模应用，实现了服装数字化生产方式的有效转变，使得企业流水作业更加顺畅，同时做到服装生产周期的合理把控和生产进度的合理安排，全面提升服装企业竞争力。

三、数字化服装生产管理

数字化管理是指利用计算机、通信、网络等信息技术，通过统计技术量化管理对象与管理行为，实现计划、研发、销售、生产、财务、服务等方面的管理活动。

数字化服装生产管理则是利用信息化技术实现对服装设计、生产、销售、财务、服务等方面的全面管理，实现服装企业各部门、各环节的信息共享，实现服装企业资源的优化配置。

目前，随着服装精益生产管理思想的逐步深入，越来越多的服装企业开始真正意识到数字化生产管理的重要性。伴随各种管理信息系统，如 ERP、PLM、无线射频技术（RFID）、服装生产高级计划和排程系统（APS）、柔性加工系统（FMS）等的逐步完善和成熟，服装工业工程（IE）、服装看板（KANBAN）现场管理等管理思想的逐步深入，以及单件流、细包流、分层生产等生产方式和技术的进步，服装企业数字化生产管理开始步入快速发展轨道，服装行业也开始迎来真正的数字化时代。

四、数字化服装面料视觉设计

数字化面料设计是利用计算机数字图像处理和数据库等技术，建立适应个性化市场快速反应的数字化面料设计系统：可以借助先进的数字化技术、数字图像处理技术，调用设计库和网络资讯的大量信息。实现面料设计开发的可视化操作，激发设计师的创作灵感，拓宽图形创意视野，突破设计师与目标市场沟通的瓶颈，缩短传统模式设计、实验、打样及确认的磨合期，达到面料设计、创意、生产及市场效益的最优组合。可以运用网像技术和数字化技术合成设计面料，模拟面料产品效果，方便客户选择，并能瞬间通过网络传输确认。同时，它还使企业在生产操作之前，虚拟最终产成品的视觉效果，达到优化工艺、正确决策和减少风险的目的。

（一）面料色彩设计

1. 调整色彩的精准度

通过建立常用色彩库或者借助色彩标准来调整色彩的精准度，使图案和花型、色彩达到最佳效果。

2. 实现不同色彩系统无缝转换

这种转换功能对精准程度特别重要。因为它可以将计算机显示屏显示的色彩与最终数码印染机输出的色彩保持一致，从而使设计与面料生产的色彩保持一致。

3. 电子数码配色与分色

图案设计获得的设计样稿通过后续的分色，可做出精细的分色版，而且通过自动减色功能可以合理地减少制版数量，这样既可省成本，又不损失图案效果。

（二）面料款式结构设计

1. 纱线数字化设计

（1）单根纱线

单根纱线的模拟主要是通过设定纱线的粗细、颜色、密度等具体数值来获取相应的外观的纱线特征。

（2）组合纱线

通过模拟各种不同外观特征的纱线组合，模拟普通纱线、混合纱线等不同风格特征的纱线。

2. 织物组织数字化设计

织物组织数字化设计是通过织物组织 CAD 技术来完成的：织物组织 CAD 技术的应用缩短了设计周期、提高了工效，并降低了从设计到试样过程的工作强度，可以在织物设计阶段用计算机模拟显示出织物的实际效果，大幅提高了新产品的设计能力，并减少浪费，降低试样投入，增强了市场竞争力。

　　织物组织数字化设计过程是一项复杂又细致的工作，以往由手工进行的画点和计算这些技术难度大的，工作大部分可由计算机来代替，但是因为花样纹版处理的复杂性，通过纹版鉴别的方法复杂、效率低且容易出错，而且效果不能直接体现出来，缺乏直观性，对于复杂的花样，尤其可能出现设计上的差错。如果每次设计的结果都需采用试织法，试织不满意又重新设计再进行纹版处理试织，直到满意为止，这个重复工作不仅需要很长时间，而且需要消耗大量的人力、物力。

　　织物的实物模拟是将织物各种主要因素数字化、模型化，即用计算机自动处理实现模拟织物的生成过程并模拟外部环境对织物的影响。织物的实物模拟也为实物的场景模拟、服装辅助设计、虚拟现实、计算机动画等提供了必要的基础。场景模拟，就是将纺织品输入计算机搭建的二维或三维环境中，从而能更加直观方便地评判织物的设计效果。织物模拟效果开发成功后，可以进行直观的织物设计，实现计算机虚拟试样，从而大幅降低设计中的不可知性，可在新产品的开发中，降低成本、提高效率，同时也降低了设计师对试样失败的恐惧心理，有利于各类别出心裁、充满创意的产品的问世。

　　（1）梭织物

　　梭织物的表面效果由织物结构设计决定，结构是设计精美织纹效果的基础。组织结构模拟设计了分层组合的结构设计方法。以全息组织和组织库设计替代单一组织的设计。梭织物的结构有简单和复杂之分。复杂结构的梭织物由多组经纱和纬纱交织而成，主要应用复杂组织中重纬、重经、双层和多层组织来完成织物结构设计，对于复杂结构梭织物和复杂组织而言，在简单组织的基础上进行组织的组合设计是最基本的设计方法。

　　（2）针织物

　　针织物组织结构模拟以 Peil 代模型为基础，采用 NURBS 曲线模拟中心路径，圆形模拟纱线截面，利用 3DsMax 软件实现线圈及基本组织的计算机三维模拟。在此基础上，以 3DsMax 强大的动画功能为平台，从成圈三角及针舌的运动、纱线变形仿真三个方面模拟基本组织的编织过程，使针织过程具有直观的视觉效果，便于针织物的设计及改进。

（3）面料质地性能设计

服装设计大多是先从面料的设计搭配入手，根据面料的质地性能、手感、图案特点等来构思。选择适当的面料并通过挖掘面料美来传达服装个性精神是至关重要的，充分发挥材料的特性和可塑性，创造特殊的质感和细节局部，可以阐释服装的个性精神和最本质的美，服装 VSD 系统的面料设计功能可以根据不同质地性能的面料特性进行数字量化设计，例如，可以将针织面料的悬垂性进行数字量化设计，从而使面料设计更加逼真。

第二节　三维人体扫描技术和建模技术

三维服装 CAD 技术和虚拟服装设计及试衣技术是近年来服装行业新的研究热点，随着信息技术和计算机技术的快速发展和广泛应用，服装数字化技术也得到了空前的发展，特别是基于人体扫描技术的三维人体重建和虚拟试衣技术领域。

通过三维人体扫描仪等信号采集设备，可以便捷地获取人体表面信息，这些信息通过大量的点来表达，往往形成包含几百万个点的大型数据包，通常称为点云。通过对点云的处理，可以得到人体的表面表达，实现人体表面重建，进而进行三维服装设计和虚拟试衣。与服装 CAM 技术结合，能直接将设计用于生产加工，从而实现服装设计与生产的全面数字化。

美国、英国等发达国家在三维人体扫描技术领域的研究起步比较早，在该领域处于领先水平。20 世纪 80 年代开始，我国的一些高等院校和研究机构相继步入该领域并进行了深入的研究。

三维人体扫描是现代人体测量技术的主要特征，它是以现代光学为基础，融光电子学、计算机图像学、信息处理、计算机视觉等技术于一体的高新技术。一个完整的三维人体扫描系统主要由光源、成像设备、数据存储及处理系统组成。

首先，光源向人体表面投射光束，可以是白光、激光、红外线、结构光等，这些光投射到人体表面后将产生变形；其次，摄像装置同步拍摄投射到人体表面的光线图；再次，系统软件提取图像中包含的人体表面的数据信息；最后，通过系统软件构建人体模型、提取人体尺寸数据。

根据光源和系统处理方式的不同，常见的三维人体扫描方法主要有以下几种。

（1）立体视觉法

该方法的基本原理是利用成像设备从不同的位置获取被测人体的多幅图像，提取图像中对应的目标点，利用三角测量原理，通过计算图像中对应点的位置偏差来获得点的三维坐标。

立体视觉法可以分为双目立体视觉法和多目立体视觉法，其中双目立体视觉法采用模拟人的双眼观测景物的方式，具有效率快、精度高、成本低、系统结构简单、使用范围广等特点，是立体视觉最常用的实现方式。在立体视觉系统中，摄像机标定及图像之间的对应点匹配是该领域研究的热点和难点。

法国 Lectra 公司的 Vitus Smart 三维人体扫描仪就是采用立体视觉法，该扫描仪由四个柱子的模块系统组成，每个柱子包括 2 个 CCD 摄像机和一个激光发射器。扫描人体时，8 个垂直运动的 CCD 摄像机拍摄激光发射器投射到人体上的激光光纹图像，并迅速计算出人体表面点的三维坐标值，并快速重建一个高度精确的"人体数码双胞胎"，通过系统软件快速提取 100多个人体尺寸数据。

天津工业大学的研究团队基于双目立体视觉原理研制了一种便携式三维人体测量系统，能够完成人体表面点云扫描、点云数据处理、人体模型重建及人体尺寸的自动测量等。

（2）结构光三角测量法

其原理是先将结构光投射到被测人体上，同时在偏离投射方向的一定角度处用 CCD 摄像机拍摄人体图像，由于人体表面的起伏会使投射的光源在 CCD 摄像机中的成像发生一定的偏移，通过求解光的发射点、投影点和成像点的三角关系来确定人体上各点的三维坐标信息。根据光源类型，主要有激光、白炽灯、数字镜像仪、投影仪等。

美国 Cyberware 的全身三维扫描系统（WBX）就是采用结构光三角测量法。该系统由操作平台、4 个扫描头、标尺、系统软件等构成。采用激光作为光源，由激光二极管发射一束激光到人体表面，使用镜面组合从两个位置同时取景，激光条纹因人体体表的形状而产生形变，系统传感器记录形变并通过系统软件生成人体的数字图像。系统的 4 个扫描头以 2 mm 为间隔，对人体从上至下进行高速扫描，能够在 17 s 内扫描全身几十万个数据点。

（3）莫尔条纹干涉法

该方法的基本原理是将一个基准光栅投影到人体表面上，通过人体表面高度信息差使光栅线发生变形，变形的光栅与基准光栅经干涉得到条纹图，系统通过对生成的条纹图进行处理而获取人体表面的三维信息。

莫尔条纹干涉法又可分为扫描莫尔法、影像莫尔法、投影莫尔法等。其中扫描莫尔法用电子扫描光栅和变形叠加生成莫尔等高线，利用现代电子技术，通过改变扫描光栅的栅距、相位等生成不同相位的等高条纹图像，便于计算机处理。影像条纹法是将基准光栅投影到被测人体表面，通过同一栅板观察人体，从而形成干涉条纹。投影条纹法则利用光源将基准栅经过聚光镜投影到被测物体人体表面，经人体表面调制后的栅线与观察点处的参考栅相互干涉，从而形成条纹。

Wicks&Wilson Limited 生产的 Triform 扫描仪采用白光作为光源，用改进的莫尔轮廓技术捕获被测人体的表面形状，12 s 内扫描得到一个包含 150 万个点的人体立体彩色点云图。

（4）白光相位法

该方法的基本原理是采用白光照明，光栅经过光学投影装置投影到被测人体表面上，由于人体表面形状的凹凸不平，光栅图像产生畸变并带有人体表面的轮廓信息，用摄像机把变形后的相移光栅图像摄入计算机内，经系统处理，计算得到畸变光栅的相位分布图，即可获得被测人体表面的三维数据点。

美国的 TC2 是该方法的典型代表，通过在不到 12 s 的时间内对人体 40 万个点的扫描，迅速获得与服装相关的 100 个左右的人体尺寸，可以全面精确地反映人体体型。

第三节　人体扫描点云数据处理技术

基于人体扫描技术的数字化服装设计生产包含以下几个重要步骤：数据获取、数据处理、人体建模、三维服装设计、三维虚拟缝合、虚拟试衣和敏捷制造。其中，数据获取非常关键，它是人体建模和三维服装设计的基础。根据数据获取方式的不同可得到不同的原始人体数据，相应的数据处理和人体表面重建方法也各不相同。目前主要采用三维人体扫描系统作为数据输入设备，通过快速扫描人体，可产生几十万到几百万个人体数据点，即人体点云。人体点云虽然能表达人体表面的一些特征，但往往包含大量多余的信息，如噪声点、孔洞等，重建人体模型前必须进行有效处理。

一、扫描点云类型

点云是空间中数据点的集合。利用三维人体扫描设备对人体进行扫描可获得人体表面数据点，即人体点云。根据人体点云中点的分布特征，可将其分为以下几类。

①扫描线点云：由一组与扫描平面平行的扫描线组成，每条线上的点位于扫描平面内。扫描线点云在扫描方向上非常密集，而扫描线之间相对比较稀疏。

②散乱点云：点云没有明显的几何形状特征和拓扑结构，呈散乱无序的状态，由激光、结构光等在随机扫描的方式测得的点云为该类型。

③ 网格化点云：经 CMM、莫尔等高线测量、投影光栅测量系统等获得的数据经过网格插值后得到点云为网格化点云。网格化点云含有点云间拓扑关系。

二、人体扫描点云数据处理技术

由三维人体扫描系统获得的人体点云数据量非常庞大，且通常是多视角下的点云数据，数据中不可避免地存在噪声点、冗余点和孔洞等，在进行人体建模等后续操作之前，必须对人体点云数据进行有效处理。

（一）点云降噪与平滑

受扫描设备、扫描环境、扫描误差、标定算法，以及人为因素等影响，人体扫描点云中的部分数据可能与实际人体对应位置存在偏差。这些点属于噪声数据，将直接影响人体建模的质量。

为了解决这一问题，通常需要对点云数据采用降噪处理。常用的方法有高斯滤波法、平均滤波法等，其中高斯滤波法能较好地保持原始点云数据的形貌，中值滤波法则在消除点云数据的毛刺方面的效果较好。

数据平滑对滤除噪声数据有一定的正面作用，但也会破坏数据的尖锐性，使边缘失去锐化效果，给特征提取等后续工作带来不利影响。

（二）点云数据精简

真实人体表面通常含有丰富的细节，得到的点云模型往往非常复杂，为了后续建模需要，必须选择合适的方法将点云简化到适当的程度。最常用的是采样法，即设定一定采样规则对点云数据进行采样，未被采样的数据点将被删除。常见的采样算法有以下几种。

① 均匀采样法。假设扫描人体有 n 个数据点。设置采样率 m（$m < n$），根据数据点的存储顺序，每隔（$m-1$）个点保留一个点，其余点都被删除。从本质上讲，对有序数据，均匀采样法就是等间距采样法，对无序数据，就

是随机采样法。均匀采样法无须搜索数据点的邻域，因此处理速度很快，但其稳定性受扫描方法和点云存储方式的影响，性能不太稳定。

②倍率缩减法。根据给定的点数进行简化，在每一次遍历中，需要遍历所有点的邻域，并去除相距最近的两个点中的一个，达到设定的数目时算法停止。由于遍历次数多，因此算法的复杂度很高且精简效率较低。

③栅格法。栅格法是一种基于几何信息的三维算法，它以初始栅格数和法矢背离容限为控制参数，利用八叉树将点云划分成若干个栅格，计算每个栅格中所有点的法矢的平均值，并把与平均值最接近的点作为采样点。该方法简化后的点集也是接近均匀分布的，与均匀采样和倍率缩减相似。对于密集且较平坦的点云，栅格法效果较好。

④弦偏离法。弦偏离法采用极限弦偏离值 u 和最大弦长 l 作为控制参数，在最大弦长 z 内，所有弦偏离值小于可的数据点都将被忽略，即只有达到最大弦长 z 的点或弦偏离不小于 u 的点才会被保留。

如果 u 和 z 的值设置合适，它还能有效地采样到扫描方向的边界线和轮廓线。但该方法只能应用于顺序排列的数据，对于散乱点云，相邻三点的弦偏离值或弦长往往会超出 u 或 z，因此几乎所有点都将被采样，无法达到数据精简的目的。

（三）孔洞修补

人体扫描过程中，有些部位（如腋下、裆部等）由于遮挡而成为扫描盲区，人体点云中会出现孔洞。同时，与地面平行的部位，如头顶、肩部、脚等部位，在扫描过程中往往会被漏扫，造成部分点云数据的缺失而形成孔洞，人体表面重建前必须对这些孔洞进行修补。

可通过局部补测的方法对漏扫部位和盲区进行修补，也可采用一定的算法，分析孔洞与现存部分的关系，并根据这种关系对孔洞进行合理的修补。目前，点云数据孔洞修补的方法主要有以下几种。

① 抛物线切向延拓法。该方法的缺点是如果孔洞区域较大，则精度不易保证，误差较大。

② BP 神经网络修补法。该方法通过对神经网络的训练，有效实现对孔洞数据的修补，但网络训练过程缓慢，处理速度较低。

③ 遗传算法结合神经网络算法。该方法采用遗传算法与神经网络相结合提高了修补数据的生成精度。

④ 拟合方法。可应用于具有复杂曲面形状的点云，但只适用于点云数据在孔洞内部及孔洞周围没有剧烈的曲率变化的情况，在实际应用中有一定局限性。

⑤ 基于机器的回归修补方法。该方法通过对孔洞中待修补点的邻域色彩数据作回归。得到待修补点的色彩回归值，然后用回归值对应的色彩进行填充，完成对孔洞的修补。

三、三维人体建模技术

近年来，三维人体建模已成为计算机图形学领域研究的热点之一，在三维服装 CAD、虚拟试衣和三维人体动画等领域，都面临着如何解决三维人体建模的问题。

人体表面是一个复杂的曲面，应根据不同需求选择合适的方法进行人体建模。应用于虚拟试衣系统的人体建模方法主要有三种：基于软件的人体建模、基于三维扫描的人体建模和基于人体照片信息的人体建模。

（一）基于建模软件的人体建模

根据人体体型特征，利用通用建模软件 3DsMax、Maya 等构建标准化三维人体模型，同时也可以应用参数修改的方法对试衣系统自带的人体模型进行修改调整获得与特定人体接近的个性化三维人体模型，人体模型可根据应用场合存储成不同格式以方便后期调用。

应用软件进行人体建模，由于每个人体都需要重新构建，所以仅适合小

规模的人体模型构建。同时，对操作者的操作技巧、软件熟练程度有一定
要求。

（二）基于三维扫描技术的人体建模

利用三维人体扫描设备扫描人体获得人体表面的点云数据，通过对点云
数据进行降噪、精简、孔洞修补、表面重建等构建个性化的三维人体模型。
应用该方法构建的三维人体模型精确，应用场合广泛，但数据处理算法复杂、
建模耗时。由于扫描获得的数据量庞大，需经过一系列的数据处理才能对其
进行表面重建。重建方法包括构建人体曲面模型、构建实体模型和基于物理
的人体模型等。

1. 曲面模型

曲面模型是用顶点、边、表面三种拓扑元素及其相互间的拓扑关系来表
示和建立人体，是计算机图形学中最活跃、最关键的学科之一。与线框模型
相比，人体曲面模型中的几何拓扑关系更加完备一些，它能提供三维人体的
表面信息，可以进行消隐和真实感三维人体模型的显示。由于曲面模型没有
定义人体模型的实心部分，所以不能对其进行剖面操作。

目前，对曲面模型的研究主要分为两个方面：一是曲线曲面的设计方法、
表示和建模显示等；二是与曲线曲面相关的研究，如多视拼接、光顺去噪、
求交、过渡等。常用的曲面建模方法主要有三角曲面片逼近法、参数曲面建
模等。

（1）三角曲面片逼近法

该方法将人体表面用多个小三角片来表示，能有效解决表面复杂、形状
和边界不规则的人体几何造型问题，简化了三维人体模型的显示、分析和计
算。三角曲面片划分得越多，精度就越高，人体表面越平滑。

（2）参数曲面建模

1971 年法国学者 P. Bezier 提出了贝塞尔曲面的概念，使得由控制点及
控制多边形生成曲面成为可能，设计者只需移动控制顶点就可以方便地修改

曲面的形状，并且形状变化完全在预料之中，但是控制点位置的移动也对其他部分的曲面产生了影响，不具有局部控制的特性，在复杂的人体曲面建模过程中，存在着拼接方面的困难。

为了解决贝塞尔曲面的局部修改的问题，1972 年 De Boor 提出了 B 样条曲面算法，与构造贝塞尔曲面的方法类似，只是基函数采用了 B 样条基函数。B 样条不但继承了贝塞尔方法的优点，而且还具有独特的局部特性。能方便地对 B 样条曲面进行局部修改，但是 B 样条曲面也存在不足之处，当顶点分布不均匀时，难以获得理想的曲面。

非均匀有理 B 样条（NURBS）曲面克服了 B 样条曲面的缺点，获得了较快的发展和应用，它通过调整控制顶点和权因子来改变曲面的形状，可以精确地表示规则曲面，更有利于曲面形状的控制和修改。1991 年，国际标准化组织（ISO）颁布的工业产品数据交换标准 STEP 中，把 NURBS 作为定义工业产品几何形状的唯一数学方法。

2. 实体模型

20 世纪 70 年代末发展起来的实体建模技术增加了三维人体模型实心部分的表达，使信息更加完备，得到无二义性的人体描述。实体模型提供了人体的几何和拓扑信息，具有局部控制效应，可以实现人体的消隐、真实感人体模型的显示等。但此模型的数据量大，计算耗时，对硬件的要求比较高。目前，实体建模方法中对人体的表达主要有以下 3 种方式。

（1）基于体素分解的方式

该方法将人体层层分解，将其表示成一簇基本体素的集合。该方法简单易行，但它是人体的近似表达，不能反映人体的宏观几何特征。由于体素间的集合运算涉及面与面之间的交运算，再加上计算精度带来的误差等，容易造成体素之间拓扑关系的混乱而出现奇异情况。

（2）构造实体几何

该方法通过简单形体，如圆柱体、椭球体、球体等的交、差、并等集合的运算来表达人体外形。该方法能清晰地表达人体的构造过程，直观地描述人体的几何特征。但是该方法存在着多种构造人体的表达方案。并且表达的人体模型不够逼真,很难表示人体动态特征。同时,该方法也存在计算量大、稳定性差等问题。

(3)多面体建模

该方法首先构造一个多面体,然后对多面体的顶点、边、面进行局部修改而构造出与实体外形相似的多面体,通过类似于磨光处理来生成自由曲面的控制顶点,并用参数曲面进行拟合,拼接成所需的形状。根据设计者的构思,可以灵活地进行人体形状的设计。

3. 基于物理的建模

线框模型、曲面模型和实体模型主要描述的是人体的外部几何特征,而对人体本身所具有的物理特征和人体所处的外部环境因素缺乏描述。基于物理建模方法弥补了以上三种建模方法的不足,在建模过程中引入人体自身的物理信息和人体所处的外部环境因素及时间变量,能获得更加真实的建模效果,并对人体的动态过程进行有效的描述。但是在该建模过程中,多采用微分方程组的形式表达,与前三种方法相比,计算要复杂得多。三种表面重建方法如表4-1所示。

表4-1 三种表面重建方法

重建方法	优点	缺点
曲面模型	有曲面度,能实现消隐和明暗处理并具有局部控制特点	有时产生二义性,结构复杂,对硬件要求较高,运行速度较慢
实体模型	无二义性,可剖面操作,能实现消隐并具有局部控制特点	结构复杂,数据量大,对硬件要求高,运行速度较慢
物理模型	引入人体的物理信息及其所处的外部环境因素及时间变量,能获得更加真实的建模效果	计算复杂,数据量大,对硬件要求高,运行速度较慢

(三)基于人体照片信息的三维人体建模

该方法应用数码设备拍摄人体正、背、侧面的二维图像,将图像信息输入系统中，系统采用一定的算法进行图像处理，基于人体特征提取人体主要的尺寸信息。通过提取人体轮廓线、截面线、特征尺寸等快速生成三维个性化人体模型。

该方法涉及的主要技术有：针对人体照片信息的人体特征元素提取方法、人体二维尺寸信息与三维尺寸信息的转换、基于人体特征尺寸和特征曲线的三维人体模型构建等。

第四节　三维虚拟试衣技术和服装虚拟缝合技术

一、三维虚拟试衣技术

近年来，随着人们对服装时尚性、个性化的要求愈来愈高、服装设计师对立体裁剪的推崇，以及计算机技术的飞速发展和软硬件性价比的大幅度提高，使得实现三维服装虚拟试衣成为开发商和用户共同关注的热点。但由于技术还不够成熟，三维虚拟试衣系统的几个重要技术领域仍处于研究阶段。其研究热点主要在以下几个方面。

① 三维人体测量与人体建模。三维人体测量和人体建模技术是实现三维服装 CAD 技术和虚拟试衣技术的前提和基础，通过三维人体扫描系统快速获取人体表面数据信息，进行人体表面重建。一方面为服装设计生产建立基础人体尺寸数据库和号型库；另一方面通过建立标准化人体模型或者个性化人体模型，开展三维服装设计及三维服装展示。目前，基于光学原理的三维人体扫描技术基本成熟，而精确高效的人体建模技术仍然处于研究探索阶段。

② 三维服装设计。采用人体建模方法构建个性化或标准化人体模型，设计人员在人体模型上模拟立体裁剪的方式进行三维服装设计，再应用服装 CAD 对服装裁片进行二维展开，同时可利用光照、纹理映射等模拟三维服装真实效果。目前，三维服装的二维裁片展开，即 3D 与 2D 转化问题仍然

是服装 CAD 技术领域的研究热点和难点。

③三维服装虚拟展示。三维服装虚拟展示分为静态展示和动态展示。静态展示：将设计好的 2D 裁片，在三维人体上进行自动缝合并展示三维试衣效果，进行三维面料填充及效果展示，可做多角度旋转展示试衣效果。动态展示：将设计好的服装"穿"在虚拟模特的身上进行虚拟的动态时装表演。目前，三维服装虚拟展示（试衣）存在真实感效果差、服装 2D 与 3D 转换不佳、三维服装建模不理想等诸多技术瓶颈。

（一）服装虚拟模拟技术

早期的服装虚拟模拟技术主要是服装的二维展示，即先用照相机等成像设备将穿着服装的模特拍摄下来，利用图像处理技术将不同款式的服装组合在一起，包括对图片进行轮廓提取、剪切、组合、旋转等。

与虚拟服装的二维展示相比，它的三维虚拟模拟就相对复杂多了，其最终所要达到的目标是服装三维建模（几何模型或物理模型），然后将服装虚拟地"穿"到人体模型上，观察服装的静态和动态效果，同时消费者能进行一定程度的交互。

B. Lafleur 等人用圆锥曲面来模拟裙子，并穿着在人体模型上，采用在模型周围生成排斥力场对裙子与人体模特进行碰撞检测。

Hinds 等人利用数字化仪扫描人体获取人体点云数据，通过曲面拟合构建数字化人台模型，然后在数字化人体上进行三维服装设计并进行二维裁片的展开。

之后，很多学者开始对基于物理的服装建模进行大量研究：Well 通过曲面变形构建服装物理模型；Kunii 和 Godota 使用几何与物理的混合模型实现的对服装褶皱的模拟；Aono 使用一种弹性模型的方法模拟了手帕上褶皱的动态形成；Terzopoulos 等人建立了一种通用的弹性模型并将它应用到了服装的悬垂模拟，他们使用 Raleigh 的放荡函数精确模拟了服装的摆动，并实现了服装与周围环境的碰撞检测来解决服装"穿越"其他物体的问题。

同时，大批学者开始对服装虚拟模拟过程中的碰撞检测算法进行研究。由于在服装虚拟模拟和虚拟试衣过程中，服装与周围环境经常接触，为了防止服装在悬垂、试穿等过程中"穿越"人体模型，必须采用一定的算法对服装与周围环境，尤其是人体模型进行碰撞检测。由于碰撞检测涉及的被检测元素很多，计算量很大，因此必须选择高效率的碰撞检测算法以提高服装实时模拟过程中的效率问题。

另外，许多研究人员对二维裁片的三维虚拟缝合开展研究。首先通过服装 CAD 系统打板得到 2D 裁片，然后构建 2D 虚拟模型，在计算机环境中通过施加缝合力将 2D 裁片缝合成 3D 服装，并"穿"在人体模型上，随后观察它的穿着效果。这种方式不失为一种可行的三维服装模拟方式，因为在服装工业中，2D 服装 CAD 系统已经十分成熟并大规模应用，而且在实际服装生产中也是通过对衣片缝纫加工来生产服装的。

（二）三维虚拟试衣技术

随着互联网技术的大规模普及和网络购物的快速发展，以及消费者对服装的个性化、高质量的呼声越来越高，三维服装虚拟试衣已成为当前服装数字化领域的研究焦点。

1. 主要研究领域

无论是静态展示还是动态展示，三维虚拟试衣过程中都涉及服装与人体模型结合的问题，目前主要通过两种途径实现。

（1）缝合试衣（2D 裁片虚拟缝合）

该方法通过将 2D 裁片在虚拟人体模型上进行缝合，实现 2D 裁片向三维服装转换。

利用服装 CAD 系统设计服装纸样，建立服装纸样库。系统根据人体模型尺寸调用合适的纸样，通过裁片离散、缝合信息设置等在人体模型上将 2D 裁片缝合成三维服装。通过施加重力等各种外力实现服装悬垂、褶皱效果。通过纹理映射技术，实现三维服装真实感显示。

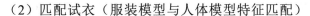

（2）匹配试衣（服装模型与人体模型特征匹配）

该方法首先建立虚拟服装模型，利用特征匹配将服装"穿"在人体模型上。

利用物理建模方法构建三维服装模型，通过纹理映射、光照技术等实现三维服装真实感显示。利用服装与人体特征点、特征线的对应关系，通过特征匹配实现三维服装着装效果。

2. 研究应用现状

（1）单机版试衣系统

① 德国艾斯特（Assyst）系统。艾斯特系统能模拟三维立体效果，进行服装结构图和面料的设计。还有 400 多种数据库供选择打板、捕板和修板。能进行量身打板、多种放码和全自动打板。

② 德国弗劳恩霍夫学会的科学家及其研究小组开发了一个虚拟试衣软件。试衣过程为：首先利用手持式三维扫描仪对人体进行扫描，通过系统软件处理快速构建人体模型。然后，消费者可根据销售商提供的服装目录选择服装款式进行"试穿"，结合交互操作通过鼠标控制人体模型完成举手弯腰等动作，同时可以查看服装穿着的合体程度。

③ 香港理工大学纺织及制衣学系的研究员利用半年多时间成功开发出一款智能试衣系统，该系统利用 RFID 技术识别试衣间或试衣镜前的服装，顾客只要把挂有 RFID 卷标的服装带到试衣间或试衣镜前，透过射频识别。液晶显示屏就会显示出店铺内其他可搭配的服装。顾客在屏幕上选定心仪的服装后，系统会实时地将数据传送至店内售货员的网络系统中。

（2）网络版试衣系统

随着电子商务技术的发展和大规模普及与应用，网上购物已成为越来越多人的选择。如何在网络虚拟环境中让消费者看到相对真实的服装三维穿着效果成为目前研究的热点。一些大型服装企业开发了基于网络的三维试衣系统及网上试衣间。

① H&M 服装公司推出了网上试衣间服务，登录该公司美国网站，选择

试衣间，消费者可根据喜好选择网站预设的标准模特或者根据自身体型修改模特。选好后，注册进入"我的模特"，通过确认后，可以用所有在 H&M 销售的服装为模特进行试穿。完成试衣后，消费者可以打印服装款式及试衣效果，去实体店购买服装。

②试衣网站 My Virtual Model（MVM）主要为消费者提供服装销售、家庭装饰、形体健美等服务，并以基于人体测量技术进行的网上试衣服务为主。网站的服装销售与很多著名的服装品牌的网站建立链接。点击进入每个品牌的试衣界面，会出现一个虚拟的标准模特，通过选择体型、外貌等特征，并根据消费者自身体型数据修改并构建与消费者体型相近的人体模型，系统根据其体型特征给消费者提供合体着装的建议。人体模型构建完成后，消费者可选择不同的服装款式进行试穿，并可以通过自由搭配服装的色彩和款式来查看服装的整体穿着效果。试衣系统通过比较服装尺寸与人体的体型尺寸给出消费者穿着服装的号型建议。

③ETAILOR 项目由欧洲 17 家公司参与，基于数字化服装技术的电子商务模式的典型代表。该项目应用三维人体扫描技术、服装 CAD 技术和电子商务技术，构建一个基于大规模量体定制技术的电子商务平台，面向顾客提供虚拟购物、个性化的定制服装等高附加值服务，同时提高企业的生产效率，降低企业的运营成本，增强企业的竞争力。

此项目所涉及的核心技术包括以下几个部分。

a. 欧洲人体测量数据库和自动人体测量技术。

b. 量身定制服装库。

c. 虚拟商店库。

（3）体感交互试衣系统

近几年，随着计算机技术和传感器技术的发展，体感交互计算机技术成为研究热点。所谓体感交互，是指使用者通过人体姿态来控制计算机。从人类行为学可知，人类最自然的交流是肢体交流，肢体的交流方式更先于人类语言的诞生。从现代计算机行业发展来看，计算机的操控越来越简单人性化。

因此，体感交互是未来计算机交互方式的必然趋势。体感交互系统在体育、军事训练及娱乐游戏领域得到了一定的发展，使得训练和游戏体验更具真实感。目前，微软、谷歌、英特尔等公司都在体感及人机交互技术上投入较多。

随着 3D 试衣技术及其需求的发展，有科研单位开始研发体感试衣系统（3D 体感试衣镜），通过深度体感器和高清摄像机采集人体视频图像并计算出人体的各种数据，将制作好的服装模型穿在人体的视频图像上，人站在设备前的感应区内，通过手势识别将服装自由搭配的效果直观地显示在大屏幕上，实现智能穿衣、试衣及换衣功能。使用者只需站在 3D 体感试衣镜前挥挥手，设备将自动锁定人体骨骼大小，同时显示器展示出新衣试穿上身的效果，并且能看到衣随人动的效果。顾客还可以选择不同的上装、下装、配饰等进行时尚搭配，系统会根据消费者需求给出合理搭配意见。

二、三维服装虚拟缝合技术

在三维服装生成及虚拟试衣过程中，服装 2D 裁片的生成与虚拟缝合是其关键技术。在该过程中，服装 2D 裁片通过虚拟缝合形成三维服装初始形态，通过交互式操作处理对三维服装形态进行再造型，并利用织物纹理映射技术实现服装的真实感显示。与三维人体模型结合，在虚拟缝合过程中合理处理碰撞体间的碰撞检测问题，实现三维虚拟试衣效果。国内外很多科研机构和研究学者开展了三维虚拟缝合与试衣的相关技术及理论研究。

瑞士 Miralab 实验室开发的 MIRACloth 软件采用弹性变形模型，将服装曲面离散化为质点系，通过求解质点系空间运动的微分方程，从时间序列上获取系统的演变。该方法重点研究织物的动态模拟，通过引入外力约束来控制 2D 裁片到三维服装的虚拟缝合过程。其研究方法最接近真实性，整个系统由服装纸样设计、裁片与虚拟人体模型之间的空间位置、虚拟缝合、面料形变、面料属性的定义和样板的修正等部分组成。

Okabe 等采用能量方法将 2D 裁片映射到三维人体模型上，形成接合的服装刚性曲面，织物的力学特征转化为能量方程。该方法以人体模型为约束，以空间各点能量最小进行大变形预测，获取平衡状态下三维服装的形态，适合表现三维服装的静态效果。

Vassilev 与 Lander 采用经典的质点–弹簧模型人体模型三维着装进行了研究。该模型对织物机械属性的描述简单明了。但要求织物按经纬方向进行四边网格划分，给复杂服装的缝制带来一定困难。Fan 等提出基于质点–弹簧变形模型的 2D 到 3D 映射算法，并考虑了碰撞检测问题。

Cordier 等人提出了基于网络（Web）的 Etailor 应用，应用 3D 图形技术来创建和模拟虚拟商店，实现在线实时虚拟缝合与展示。

国内相关院校和科研机构也在三维服装虚拟缝合技术领域做了大量研究，包括浙江大学 CAD&CG 国家重点实验室、东华大学服装学院、中山大学计算机应用研究所、香港理工大学纺织与制衣学系等，它们的研究成果各具特色，但研究思路基本都是通过构建质点–弹簧模型来模拟面料及服装。

综上所述，三维服装虚拟缝合过程涉及 2D 裁片设计与网格剖分、2D 裁片虚拟模拟、模型运动求解、缝合过程控制、碰撞检测等多项关键技术问题。

第五节　数字化服装定制

随着人们生活水平的提高和消费观念的改变，个性化需求与日俱增，使得尝试服装定制的人越来越多，而且逐渐成为一种时尚。当人们的物质生活丰富时，人们的生活空间和生活方式有着更多的延展，在出席商务谈判、聚会、庆典等多种社交场合时需要用不同的服饰体现自己的修养、社会层次或经济地位。品牌服装的模糊性有时无法概括这种丰富性，服装定制却能够从容应对。这就给服装定制市场带来无限商机。

传统的服装定制是要经过"量体→制版→扎原型→客人试板→修正样板→最终确定样板"这一过程。随着人们对穿着打扮的精益求精，不同消费层次的服装定制频频出现，敢于尝试并且有能力尝试高级定制的人正在稳步增多。定制服装能满足消费者对服装的所有个性化渴望。拥有专属于自己个性的服装,可向人们展示自己不同一般的身份和个性,强调自己的与众不同,展示"个性时尚"的风采。

传统的服装定制基础是人体测量、样板制作和成衣试穿。成衣规格来源于人体尺寸,制版需要技术人员具备技能和经验,试穿需要消费者本人直接参与。由于人体体型、个体要求,以及服装制作过程的复杂性,在很多情况下,现在的成衣生产很难满足消费者的合体、舒适和个性化需求。随着计算机数字化技术的发展,服装测量、制版及试穿方面的研究已经取得了显著的成果,形成了由三维人体扫捕获取量体数据、二维服装制版制作和三维虚拟试衣三个要素构成的数字化服装定制技术。这种新的服装定制生产模式是现代意义的度身定制的服装生产方式,数字化和信息网络化技术所带来的个性化服务是这种定制生产模式区别于传统单量、单裁服装定制生产的重要标志。

数字化服装量身定制(eMTM)系统是将产品重组以及生产过程重组转化为批量生产。首先,通过三维人体扫描系统获得客户人体各部位规格信息,将其通过电子订单传输到服装生产 CAD 系统,系统根据相应的尺码信息和客户对服装款式的要求(放松量、长度、宽度等方面的信息),在服装样板库中找到相应的匹配的样板,此系统从获取数据到样衣衣片完成、输出可以缩短到 8 秒,最终进行系统快速反应方式的生产。按照客户具体要求量身定制,做到量体裁衣,使服装真正做到合体舒适;对于群体客户职业装或者制服的制定,需要寻找与之相应的合身的尺码组合。整个操作过程,从获取数据到成衣完成需要 2～3 天的时间,大幅缩短了定制生产时间,提高了企业的生产速度。

在网络定制平台上,将原本需要消费者提供的个人信息,也简化成了一些标准性的语言供消费者选择。在填写了有关尺寸信息后,消费者只需要针对各个部位挑选自己喜欢的样式就可以完成前期定制过程。从定制一件产品开始,可以通过这套 IT 系统追踪这个消费者。在生产的过程中,可以及时地通过短信、电子邮件等方式通知消费者定制产品已经生产到什么程度了,

大概还需要多少时间就可以拿到，让消费者减少等待的焦虑。

　　数字化服装量身定制系统利用现代三维人体扫描技术、计算机技术和网络技术将服装生产中的人体测量、体型分析、款式选择、服装设计、服装订购、服装生产等各个环节有机地结合起来，实现高效快捷的数字化服装生产链条。作为一种全新的服装生产方式，数字化服装量身定制生产已经成为国内外服装生产领域研究的重点，并将成为未来数字化服装生产的一个重要的发展方向。

第五章　服装数字化模板工艺

服装数字化模板工艺分为两大种类，一种是使用智能 CAD/CAM 系统设计制作出服装工艺缝制生产制造的辅助生产应用工具服装模板，另一种是 CAD/CAM 设计制作出的辅助生产应用工具模板，应用于缝纫机或者自动缝纫机缝制生产。这两大种类包括计算机 CAD 服装结构样板设计与 CAD 模板样板设计，以及数控机械切割与组装粘贴固定、缝纫机模板缝制使用三大类。本章分别讲述服装数字化模板工艺概述、数字化模板原理及数控系统的应用。

第一节　数字化模板工艺概述

服装工艺与服装数字化模板工艺是两个不同的概念。所谓服装工艺，是指服装从工艺纸样设计、工业推版、工业排料、画样、裁剪、缝制、熨烫、整理等整个加工过程。而服装数字化模板工艺主要是解决现代化服装缝制工艺的规范化、标准化及同质量化的一种工具。服装数字化模板工艺工序包含服装样衣和电子版本纸样工艺分析、CAD 模板工艺设计制作、数控自动模板样板切割、模板样板组装粘贴固定、缝纫机缝纫等。

随着社会的发展与科技的进步，现代化的成衣生产已成为服装工业生产的主要方式。这种社会化的大生产，要求同一种款式的服装批量化生产达到统一质量标准。在现代化生产方式下数字化、模板化生产是必不可少的生产辅助工具。

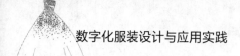

一、服装模板特性

早期的服装模板是利用切割工具在硬质纸板、金属板、环氧树脂板、PET胶板、PVC胶板等材料上按照服装工艺纸样切割开槽。这种设计制作开槽模板需要结合缝纫机缝制使用的压脚、针板、送布牙等部件设计制作开槽。这种服装模板在普通缝纫机设备上缝制使用时，需要缝纫机改装相对应的模板压脚、针板、送布牙等零部件。服装模板在自动缝纫设备上缝制使用时，按照自动模板缝纫机工作属性进行模板设计开槽制作，这种模板设计开槽制作需要用专用高精度数控模板切割机械完成，才能配套在自动模板缝纫机上使用。

数字化模板设计制作需利用服装工艺模板 CAD 软件系统进行模板的设计制作，服装模板的制作更应该注重细节的处理，以及线条的流畅、精度的控制，易学易用。

服装模板工艺应用主要表现在以下方面。

（一）劳动力问题

随着社会的发展、人文水平的提升，越来越多的区域和企业出现了用工荒、招工难的问题。服装模板技术的应用普及，实现了复杂服装工艺工序的简单化作业，效率化、同质化的工艺要求降低了对复杂工艺缝制工人的技术要求，减少了生产环节配套人员，减少了企业对于全能型技术工人的依赖。面对如今劳动力问题，解决了行业招工难问题，尤其是招全能型技术工人更难的问题，并且降低了企业招聘用人成本，弱化了工人流失造成的影响。

（二）生产方式问题

传统服装生产需要大量的工人去完成每一道单一的缝制工艺，而服装模板化生产改变了传统的作业方式，给企业整合出了新时代需要的高效生产方式，实现了生产效率的最大化，而且大幅度降低了产品返修率，提高了产品品质统一生产技术标准，节约了生产时间，平衡安排生产工序，流水线更畅顺，确保生产计划、生产进度的合理把控，提高了企业的核心竞争力，实现了利润的最大化。

（三）生产管理问题

服装模板改变了生产方式，对生产管理的协调化产生了影响，企业直接根据模板技术建立统一的生产工艺技术标准和验收标准，设立公正、公平、合理的加工单价，对款式的变化做出准确的前期评估，制订有效的生产安排计划，从而不断提升企业信誉与企业形象，助力企业走上品牌化经营。

二、数字化模板工艺步骤

（一）模板工艺分析 CAD 设计制作

模板设计制作之前需要对服装款式结合样衣、CAD 纸样、面料和生产工艺单进行分析，寻找出需要或者可以模板辅助生产加工制造的服装工艺，可以在不影响服装整体工艺要求的基础上对传统缝制工艺进行拆分或者整合。将需要或者可以模板辅助生产加工制造的服装工艺纸样或 CAD 纸样（PLT、DXF 格式），导入专业模板设计制作软件进行电脑设计制作。

（二）模板切割

因为模板切割的方式方法不同，既有传统的手工切割方式，又有现代化全自动数控系统切割技术。保证切割样板精度和速度，以及痕迹流畅是模板切割的基本要求，同时减少对环境的污染和原材料的浪费，现代化全自动数控系统切割技术是时代发展的需求。

（三）模板组装固定制作

模板切割完成后需要进行与原图样的对比和整理，保证切割出来的模板样板达到工艺要求。粘贴固定精度是直接影响模板在服装生产加工中使用的关键，因此需要高精度细致的粘贴固定，除此之外还会依据实际工艺缝制需求加设垫层、防滑砂纸条、海绵条、定位针等辅助部件。

（四）模板最终确认

模板组装固定制作完成之后需要进行对相关工序的缝制测试作业，缝制测试结果达到实际缝制工艺要求才算此工艺模板设计制作完成，反之进行相关设计制作工艺的修改，达到要求以后才可以进行最后服装工业化生产加工使用。

三、模板工艺分类

在模板制作之前，先进行对传统服装制作工艺基本分类，将不同款式不同种类服装相同制作工艺划分在一起，提高模板制作工艺水平，具体划分如表 5-1、表 5-2 所示。

表 5-1　服装模板在机织类针织类皮革类中的分类

男装	上装		中山装，西装，马甲，衬衫，夹克，风衣，拉链衫，风帽衫，T 恤，POLO 衫，皮衣，棉衣，羽绒服，户外装，雨衣
	下装		西裤，休闲、运作裤，牛仔裤
女装	上装		西装，马甲，衬衫，夹克，POLO 衫，风衣，拉链衫，风帽衫，T 恤，皮衣，棉衣，羽绒服，雪纺，户外装，雨衣，内衣
	下装	裤装	西裤，休闲裤，运动裤，牛仔裤
		裙装	连衣裙，直筒裙，斜裙

表 5-2　正装和休闲时装的组成

男上装	中山装	绱缝领，合上下级领，绱领子，门襟，袋盖，贴袋，省位，拼肩，后中拼缝，袖外侧拼缝及袖衩，手巾袋，双嵌线袋和装袋盖，里袋单、双嵌线，贴铭牌标，合下摆
	西装	绱缝领，合上下级领，绱领子，门襟，袋盖，贴袋，省位，拉链口袋，装饰拉链，拼肩缝，后中拼缝，袖外侧拼缝及袖衩，手巾袋，双嵌线袋和装袋盖，里袋单、双嵌线，贴铭牌标，合下摆
	马甲	门襟，拼合领圈，夹袖窿圈，袋盖，贴袋，省位，拉链口袋，装饰拉链，拼肩线，后中拼缝，手巾袋，双嵌线袋和装袋盖，里袋单、双嵌线，肩襻，腰襻，贴铭牌标，合下摆，纤线

男上装	衬衫	缉缝领，合上下级领，绱领子，拼过肩、门襟，袋盖，贴袋，腰省，后褶，袖衩，袖克夫，对格对条
	夹克	缉缝领，合上下级领，绱领子，门襟挡风牌，门襟绱拉链，袋盖，贴袋，省位，拉链口袋，装饰拉链，合肩线，双嵌线袋和装袋盖，里袋单、双嵌线，肩襻，袖襻，腰襻，贴铭牌标，绱袖，绱下摆，合下摆
	风衣	缉缝领，合上下级领，绱领子，门襟，袋盖，贴袋，省位，后育克，拉链口袋，装饰拉链，拼肩线，后中拼合，袖外侧拼缝及袖衩，手巾袋，双嵌线袋和装袋盖，里袋单、双嵌线，肩襻，袖襻，腰襻，贴铭牌标，合下摆
	拉链衫	绱拉链，贴后领贴，贴口袋，开口袋，贴标
	风帽衫	贴后领贴，贴口袋，开口袋，贴标
	T恤	贴标，贴花
	POLO衫	缉合领，合上下级领，绱领子，缉缝门襟，贴后领贴，门襟绱拉链，开衩
	皮衣	合、缉拼块，开口袋，缉装饰线，纤线，绱拉链
	棉衣、羽绒服	纤线，开口袋，绱拉链，绱袖
	户外装	挡风牌，定魔术贴，合领子，绱领子，绱拉链，缉合袋盖，合帽檐，开口袋，贴标，贴花，绱袖
	雨衣	开拉链口袋，绱门襟拉链，绱袖
女上装	西裤	单双线开袋，缉合口袋盖，后省，前褶，前捕袋，门襟绱拉链，合前后裆侧缝，缉门襟明线，缉腰，绱腰，缉裤襻
	休闲、牛仔裤	单双线开袋，口袋盖，后省，贴袋，前褶，前插袋，门襟绱拉链，合前后裆侧缝，缉门襟明线，缉腰，绱腰，缉裤襻
	西装	缉缝领，合上下级领，绱领子，门襟，口袋盖，贴袋，省位，拉链口袋，装饰拉链，合肩线，后中合缝，袖外侧拼缝及袖衩，手巾袋，口袋双嵌线和装袋盖，里袋单、双嵌线，肩襻，袖襻，腰襻，贴铭牌标，合下摆
	马甲	门襟，拼合领圈，夹袖隆罔，口袋盖，贴袋，省位，拉链口袋，装饰拉链，拼肩线，后中拼合，手巾袋，口袋双嵌线和装袋盖，里袋单、双嵌线，肩襻，袖襻，腰襻，贴铭牌标，合下摆，纤线
	衬衫	缉缝领，合上下级领，绱领子，门襟，口袋盖，贴袋，腰省，胸省，后褶，袖衩，袖克夫，对格对条缉合
	夹克	缉缝领，合上下级领，绱领子，门襟挡风牌，门襟绱拉链，袋盖，贴袋，省位，拉链口袋，装饰拉链，拼肩线，口袋双嵌线开袋和装袋盖，里袋单、双嵌线，肩襻，袖襻，腰襻，贴铭牌标，绱袖，绱下摆，合下摆
	风衣	缉缝领，合上下级领，绱领子，门襟，袋盖，贴袋，省位，后育克，拉链口袋，装饰拉链，拼肩线，后中拼缝，袖外侧拼缝及袖衩，手巾袋，口袋双嵌线和装袋盖，里袋单、双嵌线，肩襻，腰襻，贴铭牌标，合下摆

女上装		拉链衫	绱拉链，贴后领贴，贴口袋，开口袋，贴标
		风帽衫	贴后领贴，贴口袋，开口袋，贴标
		T恤	贴标，贴花，开衩
		POLO衫	缉缝领，合上下级领，装领子，缉缝门襟，贴后领贴，门襟绱拉链
		皮衣	缉合拼块，开口袋，缉装饰线，衲线，绱拉链
		棉衣、羽绒服	衲线，开袋，绱拉链，绱袖
		雪纺	各种工艺辅助定位线，样片缉合
		户外装	挡风牌，定魔术贴，拼领子，绱领子，绱拉链，做袋盖，合帽檐，挖口袋，贴标，贴花，绱袖
		雨衣	挖拉链口袋，绱门襟拉链，绱袖
女下装	裤装	西裤	单双线开袋，后省，前褶，前袋，门襟绱拉链，合前后裆侧缝，缉门襟明线，缉腰，绱裤襻
		休闲、牛仔裤	单双线开袋，缉合袋盖，后省，贴袋，前褶，前袋，门襟绱拉链，合前后裆侧缝，缉门襟明线，缉腰，绱裤襻
	裙装	连衣裙	收省，腰带，绱隐形拉链
		褶裥裙	缉活褶，缉合暗褶，烫褶裥，缉合隐形拉链，缉腰，绱腰
		直筒裙	收省后省，开后衩，拼侧缝，缉合隐形拉链，缉腰，绱腰

四、服装模板制作耗材

服装模板在设计制作过程中需要多种材料组合使用，常用材料如PVC胶板、高温板、布基胶带、勾刀、透明胶带、强力双面胶、美工刀、大剪刀、海绵条、砂纸条、强力磁铁、马尾衬、大头针、大头钉、铆钉、尖嘴钳、油性笔等辅助材料。

（一）服装模板制作材料分析

服装模板材料的选择在模板设计制作使用过程中有着至关重要的作用，任何一幅实用性模板在选择材料时都需要对材料有清楚的认识和了解。

（二）PVC胶板

PVC胶板是模板中最常用的材料，通常模板的构成所有板块都离不开PVC胶板。PVC模板原料一共有十几种，主要有聚氯乙烯树脂粉、增强剂、塑化剂、稳定剂、内外滑、分散子、AB蓝等。

材料的韧性是由增强剂决定的，增强剂加的多少直接关乎材料的强度和韧性，型号也比较多，参考数量为100 kg拌料里面加7 kg增强剂。

AB蓝影响材料的颜色，一般都是添加0.5 g，加多材料颜色会很深，加少了材料无色还会偏黑。

活料的原理跟面粉加水和面一样。融化和变形是PVC塑料材料的特性，PVC塑料材料不是耐温材料，使用环境温度高，材料容易软化；温度低，如冬天，材料很硬，特别容易脆裂，所以材料的韧性也要看环境的温度，还有夏天材料不能放在室外暴晒，暴晒的材料容易变形、软化。

任何塑料材料都有软化点温度，PVC的玻璃软化点温度大概在60～70 ℃，从设备出来的材料很软，经过冷却材料才越来越硬。

辨别PVC材料是原材料加工还是回收料加工比较难，一般都是看表面，原材料板表面很光洁，没有晶点和流纹杂质，表面平整，透明度好。切割时声音柔和，切割碎屑呈粉尘状，大小比较均匀，切割面光滑。回收料也分很多种，有的叫仿新料，有的叫全回料。仿新料的意思是在新材料里面参回收料，比如做1 t材料，800 kg是新材料，200 kg即20%是回收粉碎材料，加工出来的材料表面很好，这个就不容易辨别。全回料就是全部都是用回收材料生产，里面杂质很多，表面有晶点流纹，而且透明度很差。回收料加工的PVC材料切割时声音刺耳，切割碎屑呈颗粒状，大小不均匀，切割面呈锯齿状，不光滑且容易破裂。

（三）高温板

高温板学名环氧树脂板，又称绝缘板、环氧板、3240环氧板，环氧树脂是泛指分子中含有两个或两个以上环氧基团的有机高分子化合物，除个别外，它们的相对分子质量都不高。环氧树脂的分子结构特征是以分子链中含有活泼的环氧基团，环氧基团可以位于分子链的末端、中间或成环状结构。由于分子结构中含有活泼的环氧基团，使它们可与多种类型的固化剂发生交联反应而形成不溶的具有三向网状结构的高聚物。环氧树脂板一般使用的行业比较广，颜色和种类也比较多，服装行业一般在使用中都会选择较为实用型的黄色材料。在设计制作服装模板中具有高熔点、优良的力学性能、电性能等，在扣烫净样等时使用可以发挥更好的作用。

（四）布基胶带

布基胶带也称牛皮胶，布基胶带以聚乙烯与纱布纤维的热复合为基材。涂高黏度合成胶水，有较强的剥离力、抗拉力、耐油脂、耐老化、耐温、防水和防腐蚀性能，是一种黏合力比较大的高黏胶带。颜色有不同种类，选择时可根据个人喜好选择，在模板组合粘贴固定中起到重要作用，一般在模板制作工艺粘贴固定时选择宽窄不同规格可以达到最佳效果。

（五）透明胶带

透明胶带是工作生活中的常用物品，透明胶带是在 BOPP 原膜的基础上经过高压电晕后使一面表面粗糙，再涂上胶水，经过分条分成小卷就是日常使用的胶带。多层模板工艺粘贴固定制作过程中，需要在中层薄模板反面固定材料，一般在反面使用透明胶带可以减少模板折边厚度，使模板在实际使用中更方便。

（六）强力双面胶、强力布基双面胶

强力双面胶是以纸、布和塑料薄膜为基材，再把弹性体型压敏胶或树脂型压敏胶均匀涂布在上述基材上制成的卷状胶黏带，由基材、胶黏剂、离心纸（膜）或者硅油纸三部分组成。强力布基双面胶以纤维织物为基材，使用

厚的、黏稠的且不含溶剂的天然橡胶为胶黏剂涂在上述基材上制成卷状胶黏带。在模板工艺制作过程中可以选择以纸、布为基材涂布弹性体型压敏胶或树脂型压敏胶强力的双面胶。多层模板需要复合固定在一起时使用，或者固定面料使用。

（七）勾刀、美工刀、大剪刀

勾刀、美工刀、大剪刀是以金属元素为基材冶炼制作的刀具，在模板工艺制作过程中可以修剪 PVC 胶板和模板材料。

（八）海绵胶条

海绵胶条是以厚薄不同的海绵为基材，粘贴覆盖双面胶，然后根据需求切割出不同宽度。在模板使用工艺制作时根据实际需求选择厚薄不同规格做定位或者辅助使用。

（九）砂纸胶条

砂纸胶条是在沙皮纸背面粘贴覆盖双面胶，然后根据需求切割出不同宽度。一般选择纸质材料砂纸，砂的密度控制在 200 目和 300 目，颗粒大小均匀，砂粒附着牢固，不易掉砂。在模板使用工艺制作时可以增加摩擦力，在模板实际车缝过程中起到防滑效果。

（十）强力磁铁

磁铁又称吸铁石，是一种天然矿物。一般在模板制作和车缝中可选择圆形状，厚度、大小可依据实际模板设计需求和车缝需求确定。一般在组合模板或者工艺模板中多层灵活固定和特殊工艺车缝时使用。

（十一）马尾衬

马尾衬又称鱼刺、鱼骨，是类似鱼骨的服装辅料。使用时粘贴双面胶剪

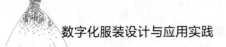

切成需要的形状或者涂抹强力胶水在模板车缝时开槽处做衬托和辅助，在特殊工艺部位做辅助使用。

（十二）大头针、大头钉

大头针、大头钉可以直接刺穿模板板材固定在板材上，或在模板车缝时对面料进行强制性定位。

（十三）模板夹

一种使用金属材料制作成的夹具，在夹具底面粘贴强力胶或者涂抹胶水，粘贴固定在模板相应位置可以有效地以夹紧的方式固定面料在模板上的位置，防止在车缝过程中面料位置移动。

（十四）油性笔

油性笔使用油墨为油性，难溶于水，不易褪色和化开，不易被擦去。常用于在模板上划线写字等辅助使用。

（十五）尖嘴钳

尖嘴钳别名修口钳、尖头钳、尖嘴钳。常用于制作大头针形状和固定大头钉位置。

第二节　服装数字化模板与开槽

一、服装模板概念

所谓服装模板是指辅助服装工艺生产使用的一种工具。这种辅助工具是在硬质材料上按照服装生产工艺开槽，开完槽将服装需要工艺缝制的衣片放置在辅助工具上，然后合上两层或者多种辅助工具的硬质材料，在缝纫机上缝制服装。缝制之前改进相应的缝纫机压脚、送布牙、针板等部件，然后将开槽好的辅助工具硬质材料直接放置在缝纫机上，开槽卡住改进后的针板，辅助服装缝制制作。这种辅助服装裁片缝制使用的工具称为服装模板，使用服装模板缝制服装的模式无须熟练的缝纫师傅，只需缝纫工利用辅助服装模板即可缝制服装。

服装模板所使用的材料与服装模板发展和应用的普及程度有关，既有早期牛皮纸模板、金属材料模板，也有现在普遍使用的 PVC、环氧树脂、PET 等材料的塑料材质模板。

二、服装模板开槽

服装模板开槽宽度基本与针板凸出小圆柱型号相同，开槽略宽于凸出的小圆形柱子，预留出一定的缝制使用时活动缝隙。开槽卡住凸出的小圆形柱子不能过于卡紧和过于宽松，需使缝纫时更方便。根据服装模板车缝开槽尺寸需求和针板压脚的实际使用规格尺寸，开槽一般也需要配相应规格尺寸的铣刀（见图 5-1）。

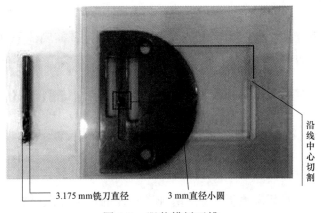

3.175 mm铣刀直径　　　　3 mm直径小圆　　　沿线中心切割

图 5-1　服装模板开槽

三、服装模板缝纫机零部件

服装模板开槽是由服装模板缝纫时采用的各种缝纫机器压脚、送布牙、针板等零部件所决定，服装模板使用的这些零部件与常规缝纫机器有所不同，压脚、送布牙及针板都是经过特殊改进的。针板针孔处有特殊凸出的小圆形柱子，小圆形柱子中心有与常规缝纫机器在工作时机针上下可以活动的空间间距，空间间距量必须可以使最大号机针和最小号机针都能够正常上下活动工作（见图 5-2）。

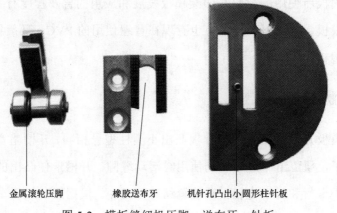

金属滚轮压脚　　橡胶送布牙　　机针孔凸出小圆形柱针板

图 5-2　模板缝纫机压脚、送布牙、针板

（一）压脚

普通模板缝纫机压脚由两个或者四个圆形滚轮替换底部平整的平压脚，这种压脚可以直接在 PVC 材质的模板胶板上滚动运行，根据使用属性的不同，压脚材质分塑料滚轮压脚和金属滚轮压脚两种。

（二）送布牙

普通模板缝纫机送布牙一般由两排向上锯齿状金属齿组成，或者由两排橡胶片粘贴在送布牙金属板上。这两种送布牙的作用都是增加模板在缝纫机车缝使用时的摩擦，使模板能顺畅在缝纫机上运行。

（三）针板

普通模板缝纫机针板与普通缝纫机针板类似，不同之处在于机针孔处，普通模板缝纫机针板的机针孔有向上凸出的小圆柱。这种小圆柱可以卡住模板开槽，将模板固定在缝纫机上，让机针可以按照开槽轨迹运行。

在使用特殊服装工艺模板缝纫时，缝纫机压脚也需要使用与针板相同、有特殊凸出的小圆形柱子，小圆形柱子压脚的型号可以与针板的型号同步（见图5-3）。

图5-3　特殊凸出单边圆形柱子压脚和针板

在实际生产使用时，服装模板设计制作加外框时要注意，机针缝纫位置的所有开槽缝线至外边框的距离不能超过缝纫机的有效缝纫臂展间距。因为模板材料是硬质板材，不具备面料的柔软性，所以在缝纫机缝纫各种工艺类型模板时，有效缝纫臂展间距不能超过缝纫机的臂展间距。各种工艺类型的模板可以在实际生产应用时进行360°缝纫，不同品牌缝纫机有效操作范围不同，一般尺寸范围245 mm（图5-4）。

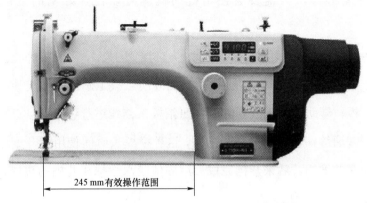

图5-4　普通模板缝纫机缝制有效操作范围

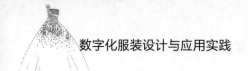

第三节　数字化模板切割缝纫设备

一、数字化模板切割设备

模板切割设备是由刀具在模板板材上进行划、刻、切等工作。模板切割设备伴随着服装模板的推广应用和普及发展，切割机械和切割方式也迅速发生着演变。主要有早期手工模板切割、半机械模板切割机、激光模板切割机、现代化数控系统全自动模板切割机等模板切割机械。

（一）手工模板切割

手工模板切割是原始的启蒙模板制作方法，板师应用手工技艺在白纸或者牛皮纸上画服装结构图，然后将特殊部件单独剪开（口袋盖、肩襻等），在工艺缝制时放置在面料裁片之上，缝纫机高低压脚边缘靠齐纸板边缘缝制。这种缝制方式可以减少画服装裁片辅助缝制线的时间，同时提高了缝制工作效率，提升了缝制工艺质量。长期使用的纸板磨损严重，需要缝制技术相对成熟的师傅使用，在此技术发展的同时，老师傅便想到在纸板上开槽让缝纫机压脚在开槽处缝制，这样可以在服装工艺缝制时不再依赖技术成熟的老师傅，只需要会使用缝纫机就可以在开好槽的纸板上缝制服装。

这种在纸板上开槽的模板缝纫机上缝制使用技术，需要板师完全依靠手工将多层牛皮纸复合在一起，在复合好的硬质纸板上画出需要设计制作模板的工艺样板，借助硬质尺具和刀具按照纸板工艺线进行缓慢划切开槽，制作出可以在普通缝纫机上缝制使用的槽，这种模板长时间使用后开槽边缘容易受到机油腐蚀磨损，后来开槽完成后用固体胶水涂抹在开槽的边缘，使开槽边缘硬度增加（见图5-5）。

图 5-5 手工制作纸板服装模板开槽

由于这种模板制作方法效率极低，划切难度较大，精准度低，由于使用时间长，橡胶送布牙、针板接触磨损、被机油腐蚀等使用寿命和精准度不断降低，需要更换新的模板。往往在大订单生产时，同一订单的同一道工序就需要多次更换新模板，加大了划切模板制作的工作量，同时产品的统一质量不能完全保证。于是在此基础上很快便有了金属材质模板的出现和使用，金属材质模板虽然使用寿命长、服装缝制精准度高，但是模板设计制作难度大、成本高、使用不够灵活多变。在这种模板发展情况下人们开始寻找模板材料耐用、模板设计制作难度小、成本低的新材料和模板加工简单的方法。

在模板材料的寻找和模板加工制作方法突破的时候，便开始使用广告塑料板材料 PVC 胶板代替原有的金属材质模板，这种 PVC 塑料模板相比金属材料服装模板，材料价格成本低，具有良好的柔软性、抗腐蚀性和高透明的灵活使用性。

（二）半机械切割机

在使用金属材质制作服装模板时利用电钻床开槽，使用 PVC 材料服装模板时同样使用电钻床开槽，这种开槽操作模式非常费力，且钻床是立体工作模式，不好给模板开槽，在此基础上使用缝纫机电机马达加装铣刀，电机马达外围用木板做盒子形状包裹，电机马达电线上设置开关键，盒子顶部外置铣刀，盒子边设计可上下铣刀刃的伸缩把手和粉尘收纳盒。使用时先将PVC胶板按照需要把设计制作模板的大小剪切好，多层模板设计时先粘贴固定好，用油性笔在 PVC 胶板上画出需要设计制作模板的工艺样板，或者直接将 CAD 纸样粘贴在已经粘贴固定好的 PVC 胶板上，手工辅助推动 PVC胶板按照设计制作要求的开槽线在电动缝纫机马达做的切割机上开槽，制作模板（见图 5-6）。

图 5-6　半机械化模板切割机

这种半机械化的切割机对模板开槽操作人员的技术要求高，准备工作多。同时模板制作时间长、效率低，手工推动比较难控制精度，必须由熟练的技术员操作。因为是手工推动，PVC 材料开槽制作出的模板成品精度不高，制作成品率低、操作难，很多精细复杂工艺部件做不出来，成功率大约 80%，产生 20%废品，加大了原材料成本的浪费，于是需要再一次对新材料模板切割技术的突破。

（三）激光模板切割机

激光切割机的中文名也叫作"镭射切割机""莱塞切割机"，是激光英文名称 laser 的音译。激光的意思是"受激辐射的光放大",受激辐射是在组成物质的原子中,有不同数量的粒子(电子)分布在不同的能级上,在高能级上的粒子受到某种光子的激发,会从高能级跳到(跃迁)低能级上,这时将会辐射出与激发它的光相同性质的光,而且在某种状态下,能出现一个弱光激发出一个强光的现象,这就叫作受激辐射的光放大,简称激光。激光切割机有着多种标志性的工作原理,其中激光管最为重要,激光管是采用一种硬质的玻璃制造的,因此是一种易碎易裂的物质。

由于激光切割机在运作过程中,激光管会产生很大热量,影响了切割机正常工作,因此需要特域冷水机来冷却激光管,确保激光切割机在恒温状态下正常工作。

激光切割机的应用需要选配独立的 CAD 系统,在 CAD 系统中设计制作好模板样片,直接将 PVC 材料放置在切割工作区域,盖好安全防护罩,CAD系统和激光切割机进行网络连接输出打印切割。激光切割机切割精度高,服装模板开槽需要利用激光烧一圈,比较耗时间,所以对激光管的损耗比较大,长期工作需要半年换一次激光管。激光切割机工作完全取决于温度和材料,不同材料的厚度需要不同的温度,材料放不平或起翘就会烧不透,激光烧过留下去不掉的黄色粉末和刺鼻气味,模板使用时对于浅色面料会沾色,从而影响品质,产生次品服装。激光的有毒气体也会腐蚀机器,对机器耗损较大,激光切割机在激光切割服装模板 PVC 时会产生化学反应,产生有毒气味,对人体和环境产生污染和伤害,严重者会致癌。随着人们生活水平的提高和对环境保护意识的加强,激光模板切割机也越来越不被认可(见图 5-7)。

(四)数控系统全自动模板切割机

1. 数控雕刻模板机

电脑全自动切割机又称数控切割机、数控雕刻机,电脑全自动模板切割机与数控雕刻机的工作原理基本上相同,都是电脑系统控制机器运行工作。不同点是数控雕刻机没有笔画、写字功能,没有吸风,需要周围采用夹片式固定 PVC 模板板材。数控雕刻机操作、固定定位烦琐，切割时因为固定方式为夹片式固定，所以 PVC 材料有夹片固定的地方就不能切割使用，而且也不能直接切割到 PVC 材料边缘，不能最大程度使用 PVC 材料，会造成一定的浪费，传送数据输出切割不方便，操作复杂，机器略显笨重，占用空间大，防尘能力弱，耗电多（见图 5-8）。

图 5-7　激光模板切割机

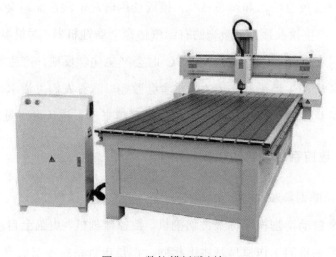

图 5-8　数控模板雕刻机

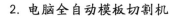

2. 电脑全自动模板切割机

电脑全自动模板切割机采用真空分区吸风式固定 PVC 材料，对各种大小形状的材料都能牢牢吸附，可以选择性单层切割、多层切割，切割效率高，操作快捷。切割机与大吸力吸尘器配套组装，切割碎屑可直接由大吸力吸尘器吸收，样片切割干净、整洁。切割铣刀与笔、刻字刀可以同时工作，以满足不同服装模板设计制作需求。兼容各种服装 CAD 软件，网口输出快速便捷，使用环保安全，对人体无害。配备专业的服装模板设计制作软件，针对各种模板的制作、设计，自由简捷创作。宁波经纬科技 2010 年推出的专业的 RC 服装模板切割机和 JWCS 模板设计 CAD，兼顾了服装模板切割和模板设计的需求，填补了服装模板发展前端的空白（见图 5-9）。

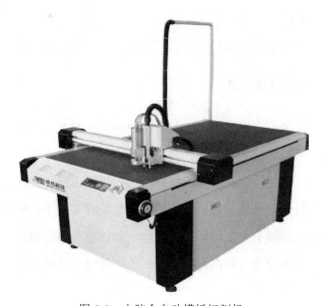

图 5-9　电脑全自动模板切割机

经纬科技电脑全自动切割机不仅具有模板设计切割使用需求的四种不同工具，分别是笔画工具、刻字刀工具、切纸刀工具和铣刀工具，还具备自由分区域真空吸附功能，最小可以吸附 A4 纸张大小的 PVC 材料，真正意义上做到物尽其用，最大化使用模板原材料，减少模板原材料因切割制作不合理造成的浪费。

电脑全自动切割机的切纸刀工具和铣刀工具在同一组件上，切割时不能同时使用，因为切纸刀工具比铣刀工具更接近切割机平台台面，使用铣刀工具时需要拆卸掉切纸刀工具，切纸刀工具和铣刀工具可以单独配合其他两种工具一起使用。切纸刀工具和铣刀工具在单独使用时需要更改切换刀模式，切割机 SP 值刀笔属性根据需求设置，一般默认 SP1 属性笔工具画线写字，SP2 属性铣刀工具切割模板开槽，SP3 属性铣刀工具切割模板边框，SP4 属性刻刀工具刻字，SP8 属性切纸刀工具切割样板纸。

二、数字化模板缝制设备

伴随着服装模板的推广应用，服装生产加工制作工艺的变化和需求，服装款式工艺的多样性变化，服装模板缝制方式也迅速发展着。其主要有手动模板缝纫机、半自动长臂模板缝纫机及全自动服装模板缝纫机三种。

（一）手动模板缝纫机

手动模板缝纫机是在普通平缝机或高速电脑平缝机、绷缝机等缝纫机械上进行模板缝纫机零部件的改造、缝纫机台板的改进，更换专业滚轮压脚、橡胶送布牙、凸出圆柱针孔的针板，并对送布牙、压脚杆的高低与同步性调整，达到最佳的使用效果。使用手动模板缝纫机时需要手动辅助推动模板在缝纫机上运行，受限于人工辅助推动操作，普通手动模板缝纫机是服装模板发展的起始，也是普及度最高的模板缝纫机。普通手动模板缝纫机只适合操作各种类型小幅面尺寸模板，容易控制，操作简单方便，灵活性高（见图5-10）。

（二）半自动长臂模板缝纫机

半自动长臂模板缝纫机与普通模板缝纫机一样，都需要改造零部件。2007年，浙江台州莱蒙推出第一台皮带款长臂缝纫机，更新了使用服装模板缝制时的专业滚轮压脚、橡胶送布牙、针板，并对送布牙、压脚杆的高低与同步性进行了调整。不同之处在于，半自动长臂模板缝纫机可根据服装加工生产需求设计制造加长缝纫机有效使用空间臂展，加宽使用空间操作台面，增加气垫或者滚珠台面，增加电子同步拖轮等辅助智能工具，使模板在缝纫时更轻便灵活，也可以操作大幅面尺寸的模板，同时兼容小幅面尺寸模板。电子同步拖轮等辅助智能工具的应用可以更好地控制缝纫时的针距和平整度，也可以达到简单的自动缝纫的目的（见图5-11）。

改进后的压脚、针板、送布牙

各类压脚、送布牙齿、针板组合

图 5-10　普通平缝机改装模板缝纫机

（三）全自动模板缝纫机

　　全自动模板缝纫机是在手动模板缝纫机、半自动长臂式模板缝纫机的基础上融入现代化高科技数控技术全新创造的全自动化缝纫设备。2009年，深圳九〇九推出第一台全自动模板缝纫机，其由智能电脑控制，智能缝制，无须人工去按照普通模板缝纫机的方式工作，只需将工艺缝制电子版缝线文件导入计算机 CAD 中，按照模板缝制工艺需求转换设置为缝制线迹图，然后再导入全自动模板缝纫机中，结合全自动模板切割系统进行模板缝制。定位好缝纫机针第一针车缝的位置，启动"开始"按钮，可循环自动完成缝纫工作，无须其他高技术人工辅助操作，快速标准缝纫手工难以完成的特殊缝制工艺效果，推动服装产业实现云端集成、智能控制、智能生产的服装工业全新运行模式（见图 5-12）。

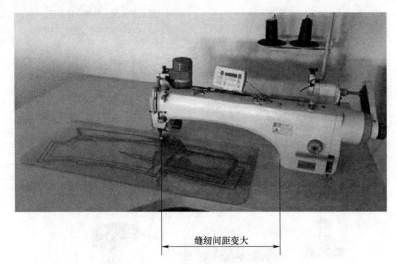

图 5-11　半自动长臂模板缝纫机

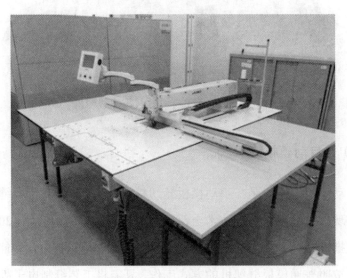

图 5-12　全自动模板缝纫机

第六章　中国数字化服装知识产权保护研究

随着社会文明的发展，服装已经不再仅承担着遮羞、保暖的基础功能。人们对精神价值的追求促使着服装设计师在服装中融入更多的美学设计，服装的美感设计程度成了服装企业竞争力的重要体现。知识产权制度是激励服装设计创新发展的有力手段。如要实现我国服装行业由"中国制造"向"中国创造"的转变，就必须建立起适用于服装设计的知识产权制度体系。服装行业对知识产权保护的需求愈加强烈，而目前对于我国服装设计的知识产权法律保护的研究还处于探索阶段，仍有必要进行进一步研究。

第一节　我国数字化服装设计知识产权保护的立法与司法实践

《中华人民共和国著作权法》（以下简称《著作权法》）与《中华人民共和国专利法》（以下简称《专利法》）是对数字化服装设计提供保护的主要知识产权法律，《中华人民共和国商标法》《中华人民共和国反不正当竞争法》及《中华人民共和国民法典》（以下简称《民法典》）虽然也能起到一定的作用，但不适合大多数情况。其中，《中华人民共和国商标法》保护数字化服装设计存在的问题在于其并不直接保护数字化服装设计本身，《商标法》对数字化服装设计进行的保护仅体现在数字化服装设计被抄袭时使用了相同或近似的商标时，通过保护商标权间接实现对数字化服装设计侵权行为的遏制。《中华人民共和国反不正当竞争法》对"有一定影响"的要求可能使得很大部分的数字化服装设计无法获得保护，也无法作为保护数字化服装设计的主要手段。《民法典》对服装设计的保护主要是通过保密条款来实现的。也即，依据《民法典》第501条，对方对其所知悉的申请人或权利人的服装设计（作为商业秘密）负有保密义务，违反此义务要承担相应的违约责任。不过合同保护的方式只适用于与申请人或权利人建立合作关系的情况下，并不对服装设计相关权利人普遍适用。因此这里主要讨论《著作权法》与《专利法》两个方面。

一、《著作权法》对服装设计的保护现状

根据前文所述，服装设计包含了服装设计图、服装样板及服装成衣三个阶段。我国的著作权法并未明确对服装设计这一作品类型进行保护，在目前的司法实践中，一般将服装设计分阶段地划分到不同的作品类型予以保护。

（一）《著作权法》对服装设计图的保护

《著作权法》采用了比较详细的方式来介绍作品。《著作权法》第3条首先阐述了作品的定义，接着对不同的作品类型进行了列举，并且在最后规定了兜底条款使得未被列举在上述类型中但是符合条件的作品也能受到保护。从定义中可见，我国《著作权法》保护的作品应当具备以下几个条件：第一，是文学、艺术和科学领域内的智力性创作；第二，具有独创性；第三，能够以一定形式表现。只要符合这三个条件，作品即可获得保护。服装设计图是服装设计师表达服装样式的基本方法，展现了服装和创意的具体形态，是服装成衣形成过程中的重要阶段。根据我国著作权法对作品的要求，服装设计图能够成为著作权法保护的作品。《著作权法实施条例》对图形作品进行了详细介绍，说明其为施工生产而绘制的设计图等。在著作权法规定的作品类型中，为生产而制作的服装设计图属于图形作品这一作品类型，这在实践中并无太大争议。

（二）《著作权法》对服装样板的保护

服装样板介于服装设计图与服装成衣之间，是服装成衣生产的重要依据。服装样板以服装设计图为基础，是服装版型的结构线、外部轮廓线的组合及其整体的平面可视造型。相对于服装设计图，服装样板有着更多的数据细节，是排料、画样、裁剪及缝制的技术依据。服装样板能够展现服装制版师对设计图的认识与思考，成衣制作者也能在其中获知制作所需工艺。

司法实践中对服装样板的定性存在着一定的争议。例如，在"某公司与某某公司侵犯著作财产权纠纷案"中，法院认为，服装样板在性质上与服装相同，都有功能性，应当归属于实用品，其要受到著作权法的保护须符合艺术性的要件。根据其对该案的审理，其认为案涉服装样板并不具有美感，只是作为生产服装的必要工具，进而判决被告并不构成对原告服装样板的侵权。而在"上海锦禾等与顾菁著作权纠纷"案与"北京金羽杰与北京波司登著作权纠纷"案中，法院则认为服装样板在设计图的基础上额外增加了服装制版师的独创性智力成果，其作为生产服装成衣的工具，符合图形作品的特征，应当受到保护。在"上海陆坤与上海戎美著作权纠纷案"中，一审法院认为服装样板须具有独创性和艺术性的要件才能受到著作权法的保护。而二审法院则对此观点予以反驳，其认为服装样板是对设计平面图的进一步演绎，体现了服装设计师和专业制版师的智力成果，属于图形作品，能够受到著作权法的保护。

（三）《著作权法》对服装成衣的保护

我国现行《著作权法》为 2020 年修订版本。在国务院著作权法修订草案送审稿中，"实用艺术作品"被加入到著作权法规定的作品类型中，并被赋予二十五年的保护期限。而在全国人大常委会之后公布的著作权法修正案以及最后公布的《著作权法》中却并未包含这一作品类型。实际上，在之前的著作权法修改过程中，也有着类似的情况出现。全国人大网发布的《中华人民共和国著作权法释义》中对该情况予以了说明——著作权法未将实用艺术作品明确列为所保护作品类型的原因在于实用艺术作品与纯美术作品、工业产权中的外观设计、工艺美术作品界限模糊，无法清晰划分，将实用艺术作品列入著作权法保护的客体当中可能会导致文学艺术作品与工业产品界线的混淆。《伯尔尼公约》要求成员国对实用艺术作品提供保护。我国为履行约定在国务院颁行的《实施国际著作权条约的规定》中，确定对外国实用艺术作品提供保护。虽然在法律规范上针对国内外的实用艺术作品是否给予保护并不相同，但在司法实践中的确对国内外的实用艺术作品都给予了保护。刘春田教授也指出，虽然我国的著作权法与实施条例中并未规定，但根据《伯尔尼公约》将实用艺术作品归于文学艺术作品的归类，我国是对实用艺术作品提供著作权保护的。但因为法律规范的不明确，司法实践中对实用艺术作品的理解也较为混乱。

一般法院在审理此类案件时会首先判断该服装是否构成著作权法意义上的作品，如若构成则再根据"接触＋实质性相似"的原则判断其是否构成侵权。在法律并未明确规范"实用艺术作品"的情况下，学者认为可以将服装纳入美术作品的范畴从而受到著作权法的保护，而司法实践中法官也多将服装成衣定性为美术作品。为降低公众对法官造法的质疑，有法官在美术作品前加入"实用"二字进行修饰。典型的如"胡三三与裘海索著作权纠纷案"，法院指出，双方的涉案服装均具备独创性，并且其艺术性也达到了一定高度，其服装都能够体现出展现文化特性的现代美感，既具备实用性也具备艺术性，应当属于实用美术作品。而即使是作为美术作品加以保护，实践中对于如何判定实用艺术作品中能够作为美术作品受到保护的范围也模糊不清，甚至有些法院在判定时还将一些本不应被考虑的因素考虑在内。在判断是否能够受到著作权法的保护时，实践中常用到"可分离性测试"原则。例如在"山高水长与颜大伦、冯大伟著作权纠纷案""赫斯汀与凯莉欧著作权纠纷案"中，通过可分离性测试，服装上的图案或者印花可脱离服装的实用功能而分离出来，因而属于《著作权法》保护的美术作品。可分离性测试原则有着较大程度上的主观性，容易在结果上不被人信服。司法实践中还出现另一种标准如程度标准，即服装设计中的艺术性要超过实用性才能受到著作权法的保护。如在"戎美"案中，法院认为服装成衣若作为美术作品受到著作权法的保护，须判断"其艺术部分是否超越了实用性部分"。在"发勋帝贺与万想贸易著作权纠纷案"中，法院认为如果从一般公众的视角来看其能被视为艺术品，这件成衣就是达到了能够被保护的创作程度。这实际上是提高了对服装设计创新的要求。但该标准也面临着与可分离性测试类似的问题，如实用性与艺术性的比重如何确定、评定艺术性的标准等。由于判断保护范围时需要高度依赖法官对艺术性和审美性的认知水平，没有相关明确法律规范的后果是司法实践中法官自由裁量权过大，出现同案不同判的结果。

实践中《著作权法》保护服装设计存在一些难点，其中之一是独创性的判断。从人类开始穿着服装起，服装造型在慢慢发生变化，有一些图案或造型已经成为服装设计中的常用元素。因此如果一个服装设计只是使用了一些常用元素的组合，则可能不符合独创性的条件，法官在做出判定时也需谨慎判断该服装设计的独创性。在华斯公司与梦燕公司等著作权纠纷案中，一审法院在判决中说明，实用艺术作品必须要符合作品独创性，实用部分与艺术部分相互结合而又可以相互分离而独立存在，并且该作品也应当只用于艺术欣赏领域而不用于工业生产中，只有三个条件都符合才能给予保护。本案中，华斯公司涉案服装艺术成分较少，其艺术部分不能从其实用部分中分离出来。因此该涉案服装只能被视为实用品。而著作权法不对单纯的实用品提供保护，所以这两款服装成衣自然不能落入著作权法的调整范围。二审法院对此基本表示认同，其认为，著作权法仅保护那些艺术欣赏性较强的服装，这类服装采用了独特的表达方式来体现服装设计师的思想与情感，而这种独特表达方式才是著作权法保护的客体。本案中，华斯公司认为其涉案服装与普通夹克服装样式不同，其额外添加了毛皮装饰、蕾丝花边大方格等元素，在整体上给人带来返璞归真的感受。作品如要被认定为实用艺术作品须符合艺术性的条件，但是这两款服装则只是组合了服装设计中的一些寻常元素，这种服装造型设计并不能被认定为独创的艺术表达形式。因此，两款涉案服装成衣不能被视为实用艺术品而只能被视为实用品。华斯公司设计的这两款成衣不在我国著作权法的保护范围之内。

另外，一个难点是对实质性相似的判断。在胡三三与裘海索、中国美术馆侵犯著作权纠纷案中，一审法院经过调查比较，发现二者虽然都是使用了拼缝工艺和条纹盘缠，中国结和牡丹花元素及色彩上的渐进和反差这样非常相似的工艺手段和设计元素。但在整体上却有着不同的造型和搭配组合，表达了不同的情感，普通欣赏者对于二者的观感并不相同，因此不能说明后者对前者实施了仿制行为。虽然双方的服装设计都属于同一风格，但此种情况应当属于合理借鉴，并不构成剽窃。二审法院对一审法院的观点表示赞同，认为应当通过比较服装艺术作品的整体表现形式确定其是否能受到保护，而不是将关注点放在作品当中涉及的色彩、图案等部分元素上。经过对双方服装作品的仔细查验与比较，双方作品的共同点是都使用了条纹盘绕和拼缝的工艺手段，并在图案造型设计中融入了色彩渐变与突变、中国结、牡丹花等创作元素，但这都是已经存在于服装设计行业中的元素，并且两者也存在诸多不同之处。本案中胡三三所设计的服装是一件独立的白色胸衣，衣上附着立体牡丹花造型，并且该造型是由白坯试样布制作的打散的牡丹花盘绕而成。而裘海索所设计的是一件套装，除胸衣外还包含外套、裙子和装饰颈链，在颜色上也选择了与白色大不相同的蓝绿色。虽然后者也使用了牡丹花元素，但其为手绘图案而并非立体造型，存在较大差别。综上所述，双方设计的涉案服装在整体上并没有给欣赏者带来相同或相似的视觉体验，也体现了不同的情感，不能认定裘海索对胡三三构成了抄袭。

另外，由于法律规定不明确，司法实践中也有对于服装设计复制方式的讨论。其中主要涉及从平面到立体的复制的问题。在上海锦禾公司等与顾菁等著作权侵权及不正当竞争纠纷案中，法院指出，我国1991年《著作权法》明确说明将根据设计图纸生产工业成品的行为排除在复制范围之外。但是，修改后的《著作权法》删除了这一描述。从条文变迁的情况来看，现行《著作权法》复制的范围应当包括从平面到立体的复制。但这种形式的复制也应当仅限在对艺术表达部分的复制。在这种限定条件下，以不具备艺术美感的设计图为根据而施工制造或生产成品的行为就不构成复制。本案中的服装设计图即属于这种不具艺术美感的情况。在上海发勋帝贺公司与广州万想贸易公司侵害著作权纠纷案中，法院也表达了相同的观点，根据其判决书内容，我国现行著作权法应当包括从平面到立体的复制。但即使是包含也不应当是无限制的包含，即这种复制仅包含对艺术表达部分的复制。本案中原告的服装设计图缺乏艺术美感，按照这种不具备艺术美感的设计图生产成品，不会造成复制艺术表达的结果。因此在该案中被告即使通过服装设计图实现了对服装成衣的制作也不能被认定为侵犯复制权。

著作权保护的方式能够契合服装设计时效性的特征。当今时代随着互联网的普及和发展，信息流通变得更加便捷，不少服装设计作品在问世后经网络平台的迅速传播为公众所知悉并成为"爆款"，然而互联网迅速传播作品的同时，也给一些抄袭、模仿者带来了可乘之机。如果服装设计没有得到及时有效的保护，抄袭、模仿的现象将更加猖獗。著作权保护的方式使得符合条件的服装设计一旦完成即可以获得著作权法的保护，使符合条件的服装设计作品能够获得及时地保护。但即使如此，著作权法对服装设计的保护仍然存在着保护举证困难、强度弱的问题。由于服装设计者的法律意识相对薄弱，除一些大品牌的时装走秀外，大多服装设计师并不会通过报纸刊登、新闻发布会、展览会等对自己新完成的服装设计进行公开发布，这就使得在侵权行为发生后权利人难以举证证明自己的创作日期，因创作日期意味着权利人著作权的起始时间。另外，著作权法赋予权利人的只是相对排他权，其仅能够禁止他人在接触过自身的设计之后进行的抄袭模仿行为，如果他人并未接触该作品而是独立创作完成了相似的作品，著作权法便难以发挥作用。因此目前我国著作权法对于服装设计的保护仍旧是难以周全。

二、《专利法》对服装设计的保护现状

服装设计的专利权保护主要通过外观设计专利的方式进行。根据我国《专利法》对外观设计的描述，我国申请专利权保护的条件有四个：设计与产品相结合；是关于产品形状、图案和色彩或其结合的设计；设计富有美感；以及能够在工业上应用的新设计。只要满足这四个条件，服装设计即可获得我国专利权法的保护。

相较于著作权，专利权保护方式具有排他性。在判断著作权侵权时，法院不仅要对比分析作品的相似度，还要调查被告是否"接触"了作品。一般适用"接触＋实质性相似"原则。而在专利权侵权的判断过程中，相关人员只需判断是否构成实质性相似而无须对接触要件进行判断。因此，专利权能够给服装设计提供更加广泛的保护范围。然而专利权保护的方式在实践中也存在难点。首先，外观设计专利保护服装设计的难点表现在外观设计专利权保护范围的判断上。专利权的保护范围为专利权利要求书中所要求保护的内容，在判断时需将事实与权利要求书谨慎对比。在杭州中羽制衣有限公司与雅鹿集团股份有限公司等侵犯外观设计专利权纠纷上诉案中，终审法院认为，我国《专利法》将外观设计专利权的保护范围限定在图片中展示的内容，简要说明只是对该外观设计进行说明，起到解释作用，不能作为依据。本案所涉外观设计专利权也应当按照此标准，以图片中展现的该产品的具体外观设计情况为判断根据，即使其在简要说明中说明了其设计要点为腋下两侧的皱褶部分，也不能作为判断外观设计专利权的保护范围的标准。因此原审法院依据专利证书上的照片确认该外观设计专利权保护的范围为整体图案、衣领、下摆、兜口等符合法律规定。其次，专利权保护的方式还难以契合服装行业快速更迭的特性，这也是为服装设计提供专利权保护存在的最大的问题。外观设计专利的审查周期相对较长，服装设计的抄袭模仿所需时间较短，并且时尚潮流的更新周期也较短，这种不适应性直接导致了一些流行服饰的设计者避免选择为自身的服装设计申请外观设计专利权。

三、著作权与专利权竞合问题之处理

权利类型由人为归纳而来，有时客体并不仅属于一种知识产权制度的保护对象。符合作品条件的服装设计作品可以受著作权法保护，申请获得外观设计专利的服装设计可以获得专利法的保护。而当一件服装设计作品既符合著作权法要求的作品条件，又符合申请外观设计专利权的条件，该服装设计作品是否能够获得著作权和外观设计专利权的双重保护？由于对一件实用艺术作品给予双重保护可能面临着扩大保护的风险，学者们对此问题争议不断。而在我国目前的司法实践中，针对外观设计专利权与著作权的衔接问题，也存在着"双重保护"与"非此即彼"两种裁判立场。

在英特莱格公司与可高公司等侵犯实用艺术作品著作权案中，法院认为对实用艺术作品可给予著作权与专利权的双重保护。可高公司提出，按照中国现行法律，中国并没有承认对实用艺术作品提供双重保护。按照我国目前的法律规定，实用艺术作品是可以受到双重保护的。尽管原告在中国对其涉案作品申请了外观设计专利，但其所享有的著作权并不会受到任何影响。可高公司所主张的涉案玩具部件获得外观设计专利权保护后著作权即消灭的观点不能被支持。并且最高法院在"晨光笔特有装潢案"中表示，一般来说，一项外观设计在保护期届满或因未缴年费等其他原因终止后，即转化为公共财富，公众使用该外观设计无须额外获得许可。但是也应当考虑到，有时一件作品会同时符合多种知识产权的保护条件，可以受到多种知识产权的保护。在这种情况下，其中一项权利消灭并不会影响到其他权利的效力。这给服装设计可以受外观设计专利权与著作权的双重保护提供了一定的理论依据。

而在三茂公司与永隆商行外观设计权纠纷案中，法院则采取了"非此即彼"的裁判立场。本案中原告三茂公司曾委托案外人董某进行本公司生产的香麻油包装标贴设计，并约定由三茂公司成为著作权人。在2年后，原告又针对该标贴申请了外观设计专利。但是由于未缴纳年费，其所享有的专利权在 2003 年即已终止。而被告永隆商行自 1998 年开始，在未经允许的情况下，持续性销售贴有该包装标贴的香麻油，三茂公司在发现案件事实后向法院提起诉讼。一审法院经审理认为，三茂公司选择了外观设计专利权对涉案标贴作品进行保护，而这也意味着该作品已经进入公有领域，那么其之前所享有的著作权就已经消灭。二审法院也对该观点表示赞同，其认为三茂公司为涉案标贴申请并取得外观设计专利权，意味着涉案标贴已经转入了工业产权的保护范围，三茂公司不再享有涉案标贴的著作权。由于该涉案标贴已进入公共领域，被告被控诉的行为并不构成侵权。

第二节　我国数字化服装设计知识产权保护中存在的问题

一、服装样板、成衣性质认定不统一

目前我国司法实践中对于数字化服装设计图的认定并无太大争议。但是对服装样板和服装成衣的认定都存在很大的争议。从司法实践案例中可以看到，有些法官主张服装样板性质与服装成衣相似，应当对照服装成衣的标准判断是否能够对服装样板提供保护；而有些法官则主张服装样板属于图形作品。无论服装成衣的性质为实用艺术作品还是美术作品，其能够获得著作权法保护的条件也与图形作品不尽相同。如此便会导致实践中出现同案不同判的乱象，有损法律权威。

司法实践多将服装成衣归属于美术作品这一作品类型，但这并不意味着这种做法是合理的。服装成衣不能与美术作品画等号。实用艺术作品也不等同于美术作品，其在立法目的上、创作空间自由度上，以及保护期限上都存在差异，美术作品的创作者可以完全根据自己的想象对艺术进行表达，而实用艺术作品的创作必须考虑实用功能性的基础。有些法官认为服装成衣即属于美术作品。这可能是由于实用艺术作品与美术作品在概念上有交叉性。《著作权法实施条例》对美术作品进行了定义，该实施条例认为美术作品是具有审美意义的造型艺术作品，其既可以是平面的也可以是立体的。而实用艺术作品几乎都符合这一条件，因此即存在实用艺术作品属于美术作品这种观点，因而也将数字化服装设计归入了美术作品。实践案例中有很多法官已经接受了"实用艺术作品"这一概念，但由于我国《著作权法》中没有明确规定，法官在做出判决时不会直接引用这一概念。在"胡三三与裘海索著作权纠纷案"判决中法官在"美术作品"前增加"实用"二字便是体现。同时这也说明了法官也已然注意到实用艺术作品与美术作品之间存在差异，服装成衣并不真正属于美术作品。如一定要将数字化服装设计作为美术作品来保护，则需解释其与实用性之间的关系，对采用不同的标准判断其是否能够受到著作权法的保护做出合理的解释。因此有必要明确实用艺术作品与美术作品的不同，使服装成衣有明确的作品类型可以归属，避免在理论与实践中产生争议。

二、复制行为是否包含从平面到立体的复制尚无定论

复制权对著作权人来说非常重要，保护复制权能够较大程度地实现对权利人经济利益的保障。复制权同时也是数字化服装设计行业最常被侵犯的权利。数字化服装设计权利人在维权过程中除了要证明自己的服装作品是著作权法意义上的作品，还要确认对方的行为构成了复制，只有如此对方才有可能被判定为侵权，权利人才能有效维护自身的合法权益。从平面到平面的复制和从立体到立体的复制都是较为常见的复制方式，同时在行为的认定上也不存在争议。而在数字化服装设计领域，有一些山寨服装是通过对他人的数字化服装设计图或服装样板进行抄袭而来，也即涉及从平面到立体的复制，这种复制方式是否包含在我国《著作权法》所规定的复制行为中却存在着争议。否定这种复制方式的观点认为，从数字化服装设计图或服装样板到服装成衣还需要额外的智力成果，这些额外的智力成果具有一定的独创性，而不是单纯的复制行为。而肯定的观点认为，服装成衣对数字化服装设计图中的

艺术部分进行了复制，应当属于复制行为，并且从我国《著作权法》条款的变迁情况来看，现行《著作权法》认为对作品进行从平面到立体的复制也属于复制。针对实践中法院所采取的"仅包含对美学部分的复制"观点，也有人表示不认同，其认为数字化服装设计图是制作服装成衣的关键环节，如仅因为不具美感而否认其构成复制，就相当于不认可服装设计图作为图形作品的价值，不认可服装设计图能够受到保护。这种观点也有待商榷。复制行为的认定同样是服装设计权利人维权过程中的重要环节，影响侵权行为的认定，对该问题予以明确具有必要性。

三、外观设计专利审查周期难以与产业节奏相契合

我国外观设计专利权保护服装设计最大的问题在于外观设计专利审查周期难以与产业节奏相契合。由于我国申请专利权保护的门槛较高，专利审查工作的难度较大，专利的审查周期一般不少于6个月。而抄袭者对于服装设计的抄袭模仿并不需要太久的时间。以某些网红服装产品为例，往往在短短几天内即可在某知名电商平台中检索到"××同款"服装产品，因此在申请专利所需的6个月时间内，抄袭者有着充足的时间实施抄袭行为。并且服装市场的更新迭代非常迅速，6个月过后，原来的市场可能已然不复存在，申请的外观设计专利无法充分发挥其保护功能。外观设计专利权的审查周期与产业节奏的不相适应暴露了我国目前《专利法》对服装设计保护的不足。如要更好的发挥《专利法》对服装设计的保护作用，就需对服装设计外观设计专利的审查周期做出调整，探索出与"快节奏"相适应的审查方式。

四、服装设计是否能够获得双重保护存争议

司法实践中对于服装设计是否能够获得双重保护的问题也存在很大争议。针对前述案例"三茂公司与永隆商行外观设计权纠纷案"的判决结果，即有不少法官参与了讨论。有的法官对此判决结果表示认同，认为著作权与专利权重合的选择应当完全尊重权利人的真实意愿。权利人虽然取得著作权

的时间比专利权早，但其最后选择的保护方式是外观设计专利权，当专利保护期限届满后，专利就已经进入公有领域并成为社会公共财富。知识产品不仅是一种私人商品，其更是一种公共商品，对知识产品提供保护既要考虑个人利益，也要考虑公共利益。使已进入公有领域的产品成为社会公共财富的产品，而著作权法不再予以保护，才能维护著作权人私人利益与公共利益之间的利益平衡。而另有法官表示否定，其认为双重保护并不会扰乱公益与私益之间的平衡关系，著作权法的保护虽然阻止了已经失效的外观设计专利即刻成为社会公共财富，但是却并没有阻碍其他竞争者的正常竞争，甚至还可能有推进作用，激励市场中的竞争者设计出更多优质的产品外观，促进市场的自由竞争。外观设计专利对美感的要求低于著作权法，并且外观设计专利是一种独占权，著作权法的保护相对较弱，因此综合比较著作权法与外观设计专利权保护方式来看，双重保护不构成重复保护。并且外观设计专利与发明和实用新型不同，即使在提供双重保护的情况下专利权到期后公众仍不能对该作品进行使用，也不会产生太大影响。服装设计是否能够受到《著作权法》与《专利法》的双重保护势必会影响到法官对于此类案件的判定结果，也会影响到权利人为保护自身合法权益而选择的知识产权策略，切切实实影响到案件相关当事人的实际利益。因此，若要落实著作权法与外观设计专利权对服装设计的保护而没有后顾之忧，有必要对双重保护之问题予以明确。

第三节　数字化服装设计知识产权保护域外经验借鉴

一、数字化服装设计之保护有多种选择

对于数字化服装设计的保护，在国际上有诸多不同的方式。通过对不同国家法律规定进行分析，我们可以从中获得些许启示，并基于此探索出更适合我国国情的服装设计保护方式。

（一）以著作权或工业版权为主

在一些国际公约和国家中，服装设计被归类为"实用艺术作品"或工业设计中的"纺织品设计"而受到保护，如《伯尔尼保护文学和艺术作品公约》（以下称《伯尔尼公约》）将"实用艺术作品"划分在"文学和艺术作品"范围内，而在管理《伯尔尼公约》的 WIPO 组织制定的《伯尔尼公约指南》中，服装设计又可被归为"实用艺术作品"的范围内。《世界知识产权组织版权条约》实际上是《伯尔尼公约》"第 20 条意义下的专门协定"，延续了《伯尔尼公约》的规定。《与贸易有关的知识产权协定》（以下简称 TRIPS 协定）同样以《伯尔尼公约》的相关规定为基础，延续了《伯尔尼公约》的规定。除作为实用艺术作品的保护方式外，TRIPS 协定在"工业设计"一节中要求各成员国对纺织品设计予以保护，并不得不当的限制获得此种保护的条件。因此符合条件的服装设计可受到著作权法或专利法的保护。而 2020 年 15 个国家签署的《区域全面经济伙伴关系协定》（RCEP）的知识产权章则以 TRIPS协定为基础，并在工业设计一节中沿用 TRIPS 协定中对于纺织品予以保护的表述。

采取工业版权保护形式的还有英国。由于《英国版权法》采用了列举的方式对版权法所保护作品进行了说明，服装设计并没有明确包含在其中，因此可能只有能够成为"艺术作品"的服装设计才能受到著作权法的保护，可以认为应用于工业生产的服装设计在英国一般不在版权法的保护范围之内。但服装设计可以受到"特别工业版权"的保护。根据英国《外观设计版权法》的规定，一项外观设计可以获版权保护，但是如果其被投入到工业中使用，其之前所享有的版权即消灭，但是可以受到"特别工业版权"的保护。

与其他国家不同，被认为是"数个世纪的时尚之都"的法国对服装设计提供了非常充分的保护。法国在时尚行业的成就非同小可，人们熟知的时尚服装奢侈品牌 LOUIS VUITTON、CHANEL、YSL、CHOLE 等均来自法国，这些品牌的设计风格也在不断地向世界范围内扩散，引领时尚潮流，如国内某些电商平台中常见带有"法式"字样风格描述的服装出售。在立法保护上，法国选择将服装设计作为一项作品明确规定在《法国知识产权法典》之中。《法国知识产权法典》规定，本法所称的作品包括季节性服饰和装饰行业的创造。并且《法国知识产权法典》还对季节性服饰做了说明："季节性服装和装饰行业是那些由于时尚的需求而经常更新其产品形状的行业，特别是缝纫、毛皮、内衣、刺绣、时装、服装、鞋类、手套、皮革制品、制造新奇或特殊的高级时装面料、裁缝和鞋匠的产品以及家具面料的制造。"

《德国著作权法》将服装设计作为"应用艺术作品"（即实用艺术作品）进行保护，其在条文中明确列举了"服装工艺"这一作品类型。虽然德国的这一做法与法国非常相似，但是二者在适用范围上仍然存在着较大的差别。相比于法国将几乎所有的实用艺术作品纳入著作权法的保护范围，德国对受著作权法保护的实用艺术作品做了一定的限制，在旧《德国外观设计法》生效期间，受著作权法保护的实用艺术作品应当仅限于具有较高艺术水准的作品。有些作品只是贴合大众口味，但其中并没有融入特殊创造成果，也没有展现出其独有的风格，这种作品只能属于外观设计的调整范围。新的《德国外观设计法》已经有意识地放弃了以艺术创作水平为保护前提的要求。德国联邦法院认为，实用艺术作品受著作权法保护的条件不应当与对美术作品予以著作权保护的要求有所不同，这些实用艺术作品只需要达到足以代表"艺术"的成就，而并不需要达到超越平均构型高度。需要注意的是，虽然低构型高度的实用艺术作品可以获得著作权法的保护，但其应当对应着相对窄的保护范围。

美国并不是采用以著作权法保护为主的国家，但其"可分离性原则"的适用为著作权法保护提供了思路。一直以来，美国立法和司法界对是否给予服装设计以知识产权保护的问题都颇具争议。不过由一开始的鲜明拒绝态度到如今可分离原则的应用说明美国立法和司法界的态度有了一定程度的缓和。美国的服装设计师一直在尝试推进对服装设计的知识产权保护。而美国立法虽然在 1913 年修改著作权法时曾试图将服装设计作为美术作品而受到著作权法的保护，但最终却并未实现。对于服装设计进行著作权法保护的另一种方式是将其归属于实用艺术品的范畴，而对于实用艺术品的保护，美国立法也秉持着限制的态度。1870 年的著作权法案对立体作品进行保护，但限制了其作品类型。1909 年的著作权法案将立体作品必须为美术作品的限制去除，但美国版权局仍然不认为那些具有功能性目的或特征的工业艺术品能够受到著作权法的保护。而在 1948 年美国版权局又修改了先前的规定，将具有美感的手工艺及造型设计划入著作权法的保护范围。

在 1954 年的 Mazerv.Stein 案中，美国最高法院确立了"可分离性检验原则"。该案中，原告设计了一组情侣跳舞的小雕塑，而被告则将其中的女子雕塑造型作为自己的台灯底座进行工业生产。根据最高法院的观点，虽然台灯是功能性的，涉案雕塑是台灯底座的一部分，但雕塑本身作为艺术作品仍然可以受到著作权法的保护。涉案台灯中，雕塑的艺术性与台灯的功能性在观念上可以分离，而版权法保护实用艺术作品的艺术层面。这一判决对美国版权局的规定表示了肯定，并且这一"可分离性检验原则"在 1976 年的《著作权法》中也被确立，法院也依照此规则进行判决。经过几十年，司法实践中出现了多种判定方法。在 2017 年的 StarAthleticaL Inc. v. VarsityBrands, Inc.案中，美国最高法院对该标准的适用进行了一定的指示。该案中 Star 公司所销售的拉拉队制服与 Varsity 公司已取得 200 多项著作权登记的拉拉队系列服装类似，被后者控诉侵权。本案经历了联邦地区法院、第六巡回法院及最高法院三次审理，最终判决 Star 公司侵权。根据最高法院的观点，本案有必要适用可分离性检验标准，首先要判断是否能够从实用品中辨认出具有《著作权法》第 101 条规定的"图画、图形或雕塑特征"的元素；其次要判断该元素与该实用品分离并应用于另一载体后是否为著作权法保护的艺术作品。这种标准因以想象的方式为之而不需做出观念性与物理性的区分，并且该标准也并不要求实用品在分离出艺术作品元素后仍独立存在。

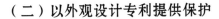

（二）以外观设计专利提供保护

有的国家或组织主要采取外观设计的形式对服装设计进行保护，如欧盟。在欧洲议会与欧盟理事会关于外观设计的法律保护指令中，即要求签署指令的各成员国必须对已经注册的外观设计给予保护。这种外观设计可能由线条、轮廓、颜色等要素组合而成，甚至可以利用产品本身的材料，其可以是产品的全部，也可以是产品的局部。并且申请获得外观设计保护的要件为新颖性和拥有个性特色。2001 年的《欧盟共同体外观设计条例》规定了对外观设计给予的两种保护：注册式共同体外观设计及非注册式共同体外观设计。前者需申请人向有关机构提出申请，经审查合格后即可获得保护，自申请之日起首次保护期为 5 年，期满后可续展，最长期限为 25 年。而后者则无须申请，自该设计在欧共体内首次为公众可获得之日起即可获得保护，只是相对于前者，该种保护方式的保护期限较短，为期 3 年且不可延续。这种无需经长时间申请审查过程而可获得的外观设计保护方式非常适合季节性服饰的知识产权保护。另外，也有协定明确规定服装可受外观设计专利保护，如洛迦诺联盟制定的《洛迦诺协定》将"服装"列为国际分类的大类和小类表中的第二类。

在 2015 年 5 月 13 日之后申请获得的美国外观设计专利的保护期为 15 年，而且外观设计专利的申请在授权之前也不会公开。根据《美国专利法》及《美国专利审查指南》的规定，外观设计专利须具有装饰性、新颖性、非显而易见性及明确性。获得专利保护的外观设计必须主要是装饰性的，即如果服装设计的整体外形是由其性能决定的，那么其便不能获得保护。这种区分外观设计是否为功能性设计的关键在于是否存在可选或者可替换的设计。由于服装设计很难通过新颖性和功能性的限制，在美国通过外观设计专利来对服装设计进行保护不是一件易事。除此之外，美国申请外观设计专利须经过申请、形式审查、实质审查等环节，整个审查周期大概需 14 个月，比中国外观专利审查周期还长很多，同样有着不适应服装行业迅速更新迭代特点的缺点。

（三）以商标法为主

与我国不同的是，美国对服装设计进行保护的主要手段是商标法。虽然商标法保护的不是设计而是品牌，但在美国服装设计可以经由商业外观的途径获得商标法的保护。产品设计之所以能够受商业外观保护是因为其具备能够标识来源的特征。美国现行商标法为《兰哈姆法》，根据该法的规定，商标申请人需要通过商业活动发挥其所申请的商标指示商品来源的作用，即要获得商业外观保护须经过商标的使用以获得相当程度上的市场影响力和消费者认知度这样的第二含义。在 Two Pesos，Inc.v.Taco Canaba，Inc.案中，法院的判决认为第二含义在商业外观保护中并非必要，因第二含义的取得意味着营销手段和大量的时间与金钱的投入，这对于新兴小企业来说可能负担过于沉重。然而在之后的 Wal-MartStores，Inc.v.Samara Brothers，Inc.案中，法院却做出了相反的判决。该案中，最高法院认为商业外观本身并不具备显著性，其要获得商标法保护必须符合取得第二含义的要件。最高法院对该案的判决在某种程度上否认了先前案件中的观点，明确了第二含义是产品设计获得商业外观保护的必要条件。美国的这一做法可为商标法保护提供思路，不过其并非本文所主要讨论的内容。

二、复制行为的认定不严格限定形式

法国在其知识产权法典中规定复制可以通过印刷、绘图、摄影、模制等任何方式来进行，这说明《法国知识产权法典》中的复制行为不仅包含了简单的、同一维度的从平面到平面或从立体到立体的复制，从平面形式到立体形式的复制也包括在内。如未经同意通过他人的服装设计图制作服装成衣有可能涉及侵权。根据《德国著作权法》，复制权的行使方式是对作品进行复制，无论是临时的还是长期的复制行为，又或是采用了什么样的复制方式，以及复制了多少。可以推断出德国著作权法对于复制的方式也不做限定，也同样包含从平面到立体的复制，由服装设计图到服装成衣的复制也要受到法律的规制。

针对从平面到立体的复制问题，英国立法也做出了尝试。根据 1956 年《英国版权法》第 48 条的规定，艺术作品的复制包括从平面到立体的复制。并且该版本的《英国版权法》第 3 条还强调了艺术作品不考虑其艺术品质，也即设计图也可作为艺术作品进行保护。如此便导致了根据设计图而制造的毫无美感的立体工业品也可以受到高水平的保护，甚至导致了工业品制造商以此法律规定为依据垄断配件市场的后果。而直到 1988 年，修改后的《英国版权法》将根据记载或体现非艺术作品设计的设计图制造工业产品的行为排除在复制权之外，这一现象才得以缓解。

三、服装设计可同时受到著作权与专利权的保护成为趋势

TRIPS 协定规定成员国可以在工业设计法和版权法中自行选择对纺织品提供保护的方式，没有对是否可以同时提供保护进行明确说明。而在着重使用著作权法对服装设计进行保护的国家中，采用双重保护模式正在成为一种趋势。对于著作权与外观设计专利权竞合的问题，法国确立了双重保护原则。虽然法官们曾试图使用"纯艺术性"的概念来划分著作权和外观设计专利权保护对象的界限，但并未有所突破。因无法准确划分界限，法国版权法索性将一切工业外观设计都纳入版权保护的范围。法国立法者的这一做法为其本土服装设计师及众多知名服装企业提供了权利保障，为其时尚服装产业持续发展保驾护航。

根据新《德国外观设计法》，外观设计在通过专利商标局的申请与注册后即可获得保护。虽然该法中并未规定对非注册式外观设计的保护，但由于德国为欧洲共同体的一员，根据《共同体外观设计条例》其非注册式共同体外观设计也可获得外观设计保护。根据《德国著作权法》第 97 条第 3 款与《德国外观设计法》第 50 条之规定，原则上可以对外观设计的内容申请著作权保护，也可以对著作权的内容申请外观设计。法国与德国都采用双重保护制，已获得著作权保护的作品如符合条件仍可获得专利权的保护。

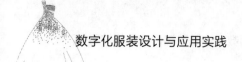

第四节　我国数字化服装设计知识产权保护路径

数字化服装设计因兼具实用性与艺术性的特征从而可能满足不同权利保护的要求，通过对域外经验的解读，运用不同的法律对数字化服装设计智慧成果进行保护是合理的。并且目前尚不具备针对数字化服装设计单独创设一部新的法律制度的基础，成本也较高。

《著作权法》是知识产权法律中最适宜为服装设计提供保护的法律，其优势有以下几点：第一，著作权的保护能够囊括服装设计的整个阶段，包括服装设计图、服装样板以及服装成衣，覆盖面广；第二，著作权的"自动获得"可以使服装设计在被完成时即可受到保护，而不会出现因审查周期太长而错过保护最佳时期的情况。虽然其他国家如美国采取了以商标法为主的保护方式，但这与其一直以来所秉持的时尚领域不宜引入知识产权法的理念相关，不具有普适性。且商标法也仅保护在服装上使用商标的情形，不能涵盖大多数为追求艺术时尚而选择不将商标图案融入其中的服装设计。因此我国服装设计的法律保护仍应从著作权法角度出发针对相关问题予以完善，形成以著作权法为主，其他法律为辅的服装设计知识产权法律保护局面。

一、明确实用艺术作品的作品类型

应当将"实用艺术作品"这一作品类别加入《著作权法》明确规定的作品类别，使得服装成衣能够以实用艺术作品的形式受到著作权法的保护。这一做法也符合《伯尔尼公约》的约定。虽然《伯尔尼公约》只要求对实用艺术作品进行保护，各成员国可以自由选择依据何种法律进行保护，但我国的法律规范并没有相关明确的规定。虽然我国目前的司法实践多将服装成衣作为美术作品加以保护，但实际上实用艺术作品与美术作品是不同的，更不能将实用艺术作品与美术作品混为一谈。

首先，根据《伯尔尼公约指南》的规定，实用艺术作品包括玩具、珠宝、金银器皿、家具、壁纸、服装服饰等制作者的艺术贡献。根据我国《著作权法实施条例》的规定，美术作品是具有审美意义的造型艺术作品，包括平面的或立体的，这种作品可以由线条、色彩或其他方式组成，典型的如绘画、书法、雕塑等。单从定义上看，并无法准确划分实用艺术作品与美术作品的界限。但是二者在权利内容上有着非常重大的差别。根据《著作权法》的规定，美术作品和摄影作品的权利人享有展览权。美术作品鉴赏价值的特质使得展览成为其重要的使用方式，也是由于这种原因法律才赋予权利人这种权利。而实用艺术作品的权利人却并不享有该权利，因为实用艺术作品的主要价值并非他人的鉴赏与收藏，而是消费者对该产品的购买。若要求实用艺术作品的销售商在货架上陈列其所销售的产品时还需考虑是否需要取得额外的展览权是匪夷所思的。

其次，美术作品的原件具有特殊价值。著作权法对美术作品原件的价值予以肯定，具体表现在如美术作品原件的所有人与著作权人非同一个体，原件所有人对原件的公开展览并不构成侵权。而应用于工业而批量生产的实用艺术作品则不会有原件与复印件之分，法律也无需对此进行额外的区分与保护。

最后，实用艺术作品的主要价值是其功能性，而美术作品不具有功能性，其价值体现在美感的传递上。这决定了二者属于不同领域范围——实用艺术作品为工业版权的范畴，美术作品为文学版权的范畴。此解释也可以回应前文所述立法者关于将实用艺术作品列入著作权法作品类型的顾虑。

如果不在著作权法中明确规定实用艺术作品这一作品类型，我国的服装设计产品只能作为美术作品而受到保护，这不符合立法原理。因此将实用艺术作品规定为著作权法保护的作品类型之一而独立于美术作品是必要的。

二、服装设计作为实用艺术作品被保护应符合一定的条件

首先，该服装设计作品应当通过可分离性标准的测试。在司法实践中可分离性标准的适用有些混乱，笔者认为有必要对可分离性标准适用的条件及

如何适用的问题予以明确。实际上，只要该作品既有实用性又有艺术性就可以适用可分离性标准。这里所指的包含艺术美学的服装设计便可以适用该标准。"可分离性标准"可以是物理上的和观念上的。在物理上是否可以分离是能够相对容易地作出判断的，而更有争议的是在观念上的分离。笔者认为，如果将服装设计中艺术部分的设计去除或者改变后，不会影响到实用功能的实现，则该设计的艺术部分与实用部分即是观念上的可分离。相反，如果由于功能性而决定的设计是无法替代的，则其并不属于观念上的可分离。

其次，根据可分离性标准分离出的艺术部分应当符合独创性的要求。作品受保护的最基础条件即为独创性。需要指出的是，专利领域的独创含义通常等同于"新颖性"，而著作权法中的独创性却不同。在著作权法中，独创性中"独"的含义并非"独一无二"，而是"独立创作"。即这一设计应当是来源于作者的独立创作而不是对他人设计的抄袭。这种"独"可以是从无到有的独也可以是以他人的现有作品为基础而进行的再创作的独。独创性中的"创"应当包含智力性创造的含义。尽管曾经一度有国家认为只要付出了劳动即可以称之为具有独创性，而并不对智力性创造有所要求，但这种理论已经逐渐被抛弃。毕竟如果仅将只付出了简单的智力劳动而得出的成果就定性为能够受到保护的作品，无疑是对事实本身的垄断，这与知识产权的立法原理也相违背。我国最高法院也指出了仅符合独立完成和付出劳动两个条件不能认定该客体能够获得著作权法保护。据此得出，一项服装设计只有能够体现出服装设计师独特的智力性的安排与选择，展示出服装设计师的个性与风格特点，才能达到著作权法所要求的独创性条件，才能成为著作权法保护的作品。如果一项作品是基于他人已有的作品，其必须要创作出能够被客观识别存在的差异，而此差异部分也至少须达到最低限度的智力创造高度，其才能符合独创性要求。换言之，如果一项服装设计只是在服装面料上再现了现有作品，其与原作品的区别只是载体的不同，则不能视为具有独创性。

受保护的服装设计的艺术部分应当达到较高水准的艺术程度，这种艺术程度可以参考美术作品所要求的艺术程度。在现代社会，几乎没有纯粹为遮羞保暖而生产的服装。如果艺术水平很低、设计非常简单的服装也能够受到保护，那么就可能产生对服装设计的过度保护，难以实现与公共利益之间的平衡。实用艺术作品不能被理解为美术作品，但两者也并非完全不同。从德国的经验来看，实用艺术作品所要求的艺术创作高度参照美术作品的艺术创作高度是合理的。

三、服装样板应归属于图形作品

有观点认为，服装样板只是局限于表达服装设计图本身，制版师并未进行独立构思，这样的作品不是著作权法意义上的作品而不能获得著作权法的保护。虽然服装样板以服装设计图为基础，由其衍生而成，其表达形式仍旧是平面的，但其仍旧体现了制版师的个人安排与设计。如果没有制版师的设计与组合，将无法顺利完成服装成衣的生产。这种智慧成果完全符合著作权法要求的独创性条件，应该受到著作权法的保护。还有观点认为，服装样板不宜作为图形作品而受到著作权法的保护，因其并非平面而是有立体感的实物。且前文中上海市卢湾区人民法院的判决中也认为服装样板与服装成衣的性质相同，在判定其是否能够受到保护时要考虑艺术性要件。笔者认为，这两种观点立足的基础有待商榷。因为根据服装行业的通用术语，服装样板是制版师根据设计师的意图在纸样上对服装进行分解制做出的结构图样，其确实为点线面组成的平面图形而并非这两种观点所认为的立体感的实物。因此笔者认为服装样板作为图形作品而受到著作权法的保护具有其合理性，在实践中也应当按照图形作品受保护的条件对服装样板予以认定。

四、复制行为包含从平面到立体的复制

根据前文所述，我国《著作权法》中没有明确说明从平面到立体的复制问题，尽管服装设计司法实践中形成了"我国《著作权法》中的复制包含从平面到立体的复制、从平面到立体的复制仅包含对美学部分的复制"的通说，

但学界学者对此仍然有争论，对该问题仍然有明确的必要性，这样才能使法官适用法律的尺度统一。有人表示，复制行为应当区别广义和狭义，狭义的复制仅指著作权法中明确列举的印刷、复印、拓印、录音、录像、翻录、翻拍、数字化等，而平面到立体的复制是广义的复制才包含的类型。而我国采取的是狭义的解释。

司法实践中形成的"我国《著作权法》中的复制包含从平面到立体的复制、从平面到立体的复制仅包含对美学部分的复制"通说是合理的。

首先，从文义解释角度来看，我国《著作权法》对复制的形式同样采取了"列举＋概括"的描述，尽管法条明确列举的复制方式并不包含从平面到立体的复制，但其使用了"等方式"字样来对复制方式进行了概括。对于概括性法律用语应当采用同类规则进行理解与把握。而法条所列举的印刷、复印、拓印等与从平面到立体的复制都是对作品复制的形式，因此，从法条的文义解释角度并不能将从平面到立体的复制方式排除，该种复制方式在法条上有一定的适用空间。从目的解释角度来看，如果排除对从平面到立体的复制，将无法达到保护美术作品等作品的目的。随着现代社会文化的不断丰富，实现作品从平面到立体的转变已然成为文化产品开发的重要形式。越来越多的企业根据自身拥有著作权的美术作品制作玩偶以供企业经营需要。如果允许其他人未经许可也可完成这种从平面到立体的复制，则难以达到著作权法保护具有审美意义的美术作品的目的。

其次，从平面到立体的复制仅包含美学表达的部分具有合理性，即对服装设计图中不涉及美学的构造部分进行的从平面到立体的复制不属于著作权法的复制。《英国版权法》的经验警示我们避免过度扩大复制的范围。著作权法严格区分于专利法，其不对技术方案提供保护。单纯产品设计图的表现形式为图形，但其目的并非美学的表达，而是制作最后的产品以实现其技术功能。产品设计图作为图形作品而受到著作权法的保护的原因并不在于其实现的工业产品具有多高的美学价值。无论根据产品设计图制作出的产品是否具有美感，都不会对其法律地位产生影响。其能够受到著作权法保护的原因是其作品中点、线、面的组合与安排体现出来的科学之美，而并非其作品中所绘制的产品实物或其实用功能。这种科学之美与艺术之美并不相同，但都是作者的独创性智力成果。著作权法所保护的只是特殊表达方式。如果将对不涉及美感的产品设计图进行的从平面到立体的复制纳入到保护范围内，则实际上是保护了工业产品的技术方案。这种做法并不符合著作权法的逻辑。尽管可能有人认为我国《著作权法》1990 年版第 52 条第 2 款的删除表明了对产品设计图进行的从平面到立体的复制属于复制行为，但实际上可能会有另外一种解读。自 2001 年后《著作权法》增加了"建筑作品"。建筑物外观设计图与建筑作品同样都属于审美意义的表达，如果不对根据他人建筑外观设计图而建造建筑物的行为进行禁止，则并不能达到著作权法保护建筑作品的意义，而为了实现对建筑作品的有效保护，避免产生理论上的争议，只能将第 52 条第 2 款予以删除。对该条款的删除还暗示着并非对产品设计图进行从平面到立体的复制都不属于复制，如果其中包含了美学表达部分，则也是复制行为。这种理论符合著作权法的立法原理和目的。而针对"限制从平面立体的复制仅包含美学表达部分的复制是对图形作品独创性价值的否定"的观点，笔者认为，这种观点限制了图形作品的独创性价值。图形作品的艺术性表达并非其获得著作权法保护的条件，其更应该具备的条件是独创性，而独创性价值在平面之间的复制中即可体现，因而并不会使服装设计图的著作权保护沦为空谈。因此限制从平面立体的复制仅包含美学表达部分的复制并不构成对图形作品独创性价值的否定。所以应当明确的路径是，应当承认服装设计图进行的从平面到立体的复制属于复制行为，但仅指对美学表达部分的复制。

不过，《伯尔尼公约》并没有对复制的形式加以限制。如何处理该理解与《伯尔尼公约》规定之间的关系也成了一个需要考虑的问题。

五、通过预审确权建立快速审查机制

根据前文所述，《专利法》保护服装设计的困境主要在于审查周期与潮流周期的不适应性。服装行业快速更新迭代的特点决定了其快速获得保护的需求。我国目前已成立了 30 多家知识产权保护中心,其作用之一是进行预审确权,是专利快速审查工作的一个环节。在预审确权制度的实施下,外观设计专利授权周期可以极大程度地缩短,在 5～7 个工作日内即可完成。如若服装设计能够通过快速审查机制迅速获得保护,则可以有效遏制专利申请过程中的抄袭现象,降低权利人的利益损失。因此,有必要在服装行业发达的地域都实行服装设计的外观设计专利快速审查,以适应服装行业服装产品生命周期较短的特点。

六、明确服装设计可同时受到著作权与专利权的双重保护

根据前文所述,实践中对于外观设计专利权与著作权的双重保护问题存在争议。为实现对服装设计知识产权的有效保护,有必要对该问题予以明确。提倡权利人只能选择一种权利形式进行保护的学者认为,当一项设计享有外观设计专利权,其保护期结束进入公有领域后若仍能受到著作权的保护将违背专利制度的本意。这会造成对同一客体的重叠保护,如果社会公众因著作权的保护而无法实施已进入公有领域的专利,则是对社会公众对于专利公示效力信赖利益的损害。从权利人的行为方式上推理,权利人在申请外观设计专利时已经对专利法提供保护的方式知悉,其行为是对产品保护方式的选择。赞成对实用艺术作品进行双重保护的学者认为,基于两种权利取得机制的不同,两种权利的同时存在具有法律基础,双重保护具有正当性。《世界版权公约》与 TRIPS 协定也未对各成员方对实用艺术作品提供双重保护的问题表示否定。纵观域外经验,双重保护模式也是大势所趋。

需要注意的是,法国的绝对双重保护模式并不适用于我国。因为法国这种保护模式的理论基础为艺术统一论,而我国在理论与实践上都不赞同该理论。笔者认为,肯定外观设计专利权与著作权的双重保护正当且合理。

首先,著作权、专利权的保护都有各自的特点与优势,二者无法相互替代。我国著作权的取得方式为自动保护,从获取保护的操作难度与获得的保

护期限上看，著作权保护有着极大的优势。虽然专利权的保护期限较短，但专利权却拥有着更强的保护力度。因此并不会出现用著作权法保护服装设计，就没有人再申请专利权保护的情况。

其次，从法理上讲，专利法与著作权法保护的内容存在差异——虽然通过专利法条款无法明确推导出专利法保护的对象，但从专利法的理论逻辑出发，外观设计专利权所保护的对象是美感思想。外观设计专利对这种设计的美学思想进行保护而并非保护美感的表达，而著作权法则只保护思想而不保护表达。基于此理论，当一种设计申请了外观设计专利的保护，类似设计虽然仅更改了某些特征，但仍可能因为等同侵权而构成侵权。而当这种设计进入公有领域后，如果类似设计并不属于对独创性表达形式的复制则并不会构成对著作权的侵权。因此从某种程度上讲，当外观设计专利权到期后，该设计确实已进入公有领域，只是其中可能有部分内容仍然可以受到著作权法的保护，而并不是全部外观设计专利权的内容都包含在内。

最后，权利人在获得著作权的保护后又申请外观设计专利的保护，由于专利制度实际上是一种"以公开换私权"的制度安排，权利人以公开换取了对专利权的保护，而并不需以著作权的消灭为前提。相较于著作权，外观设计专利权通过公示、权利要求书的方式使得权利边界更加明确。著作权只能对抗他人接触到自己的作品后而进行实质性相似的创作的情况，而专利权具有较强的排他性，尽管对方并未接触过自己的设计，其独立完成创作的设计也可能构成对专利权的侵权。并且，如前文所述，选择著作权对服装设计进行保护的难点之一在于对侵权行为的举证。由于著作权侵权的构成要件为"接触+实质性相似"，权利人需对"接触"和"实质性相似"两个事实进行举证。而对于专利权来说，权利人只需举证证明被控侵权产品与自身享有外观设计专利权的产品构成"实质性相似"即可达到维权的目的，这对于权利人来说是非常优质的选择。而专利权还存在着人身权缺位的特点，著作权和专利权的双重保护可以有效化解该问题。权利人在获得著作权法的保护后，权利人又申请获得外观设计专利权只是增加了一个专利权的保护，而与获得专利权保护所对应的是设计的公开，以著作权的消灭为获取专利权保护所付出的代价没有法律和理论依据。

因此，应当明确服装设计可以受到外观设计专利权和著作权的双重保护。在这种保护模式下，一方面权利人可以在已获得著作权法保护的前提下为符合条件的服装设计作品申请外观设计专利，使其在一段时间内同时获得《著作权法》与《专利法》的保护；另一方面在该作品的专利保护期限届满后，其针对该作品所享有的著作权并不因此消灭，《著作权法》仍继续为其提供保护。不过，虽然对服装设计应当采取双重保护之路径，但仍需考虑存在过度保护风险的问题。因此需要对服装设计的双重保护进行一定的限制。在判断服装设计是否能够获得版权法的保护时，需通过可分离性测试标准以及独创性的门槛，通过对著作权保护的内容方面对服装设计著作权的获得加以限制，以避免产生过度保护的情况。

双重保护能够让一件服装作品同时享有著作权与专利权，但笔者认为这并不意味着在实践中权利人可以同时选择这两种请求权基础。我国法律规定违约责任与侵权责任不能同时主张，这主要是考虑到赔偿补偿性原则，如受害方同时主张两种责任则可能导致不公。而在知识产权侵权案件中，也应当以赔偿补偿性原则为主，尽管法律中也规定了惩罚性赔偿，但其仅适用于恶意侵权的情况。如果允许权利人针对同一服装设计同时主张两种权利保护，则可能会导致权利人获得双倍赔偿，产生过度保护的嫌疑。因此，对请求权基础的限制在一定程度上可以避免对服装设计的过度保护。在不能同时主张的前提下，当一件服装作品上同时享有两种权利时，权利人则可以自由选择以何种权利为基础提起诉讼。给予权利人选择权的意义在于，权利人可根据自身的实际情况更有效地维护自身合法权益。一般情况下，由于保护强度以及举证难度的差异，大多权利人会选择以专利权侵权为由提起诉讼，但是不排除有些案件如以著作权侵权起诉更容易胜诉的情况。因此，在实务中服装设计受双重保护的情况下，权利人应当自主选择主张权利保护。

参考文献

［1］ 陈桂林. 服装模板技术［M］. 北京：中国纺织出版社，2014.

［2］ 陈利群. 数字化图形创意设计及制作［M］. 南京：东南大学出版社，
2020.

［3］ 丛杉. 服装人体工效学［M］. 北京：中国轻工业出版社，2015.

［4］ 郭瑞良. 服装三维数字化应用［M］. 上海：东华大学出版社，2019.

［5］ 韩燕娜. 数字化背景下三维服装模拟技术与虚拟试衣技术的应用［M］.
北京：中国原子能出版社，2019.

［6］ 胡兰. 服装艺术设计的创新方法研究［M］. 北京：中国纺织出版社，
2018.

［7］ 黄飚. 计算机辅助服装设计［M］. 重庆：重庆大学出版社，2015.

［8］ 黄嘉，向书沁，欧阳宇辰. 服装设计：创意设计与表现［M］. 北京：
中国纺织出版社有限公司，2020.

［9］ 焦成根. 设计艺术鉴赏［M］. 长沙：湖南大学出版社，2020.

［10］ 李爱英，夏伶俐，葛宝如. 服装设计与版型研究［M］. 北京：中国纺
织出版社，2019.

［11］ 李金强. 服装 CAD 设计应用技术［M］. 北京：中国纺织出版社有限
公司，2019.

［12］ 凌红莲. 数字化服装生产管理［M］. 上海：东华大学出版社，2014.

［13］ 苏永刚. 服装设计［M］. 北京：中国纺织出版社有限公司，2019.

［14］ 孙慧扬. 服装计算机辅助设计［M］. 北京：中国纺织出版社有限公司，
2020.

[15] 王荣，董怀光.服装设计表现技法[M].北京：中国纺织出版社，2020.

[16] 徐晨.数字媒体技术与艺术美学研究[M].北京：北京工业大学出版社，2020.

[17] 杨晓艳.服装设计与创意[M].成都：电子科技大学出版社，2017.

[18] 杨永庆，杨丽娜.服装设计[M].北京：中国轻工业出版社，2019.

[19] 詹炳宏，宁俊.服装数字化制造技术与管理[M].北京：中国纺织出版社有限公司，2021.

[20] 周琴.服装CAD样板创意设计[M].北京：中国纺织出版社有限公司，2020.

[21] 朱广舟.数字化服装设计：三维人体建模与虚拟缝合试衣技术[M].北京：中国纺织出版社，2014.